建设工程识图与预算快速入门丛书

园林景观工程识图与预算快速入门

曾昭宏　主编

中国建筑工业出版社

图书在版编目（CIP）数据

园林景观工程识图与预算快速入门/曾昭宏主编. 北京：中国建筑工业出版社，2015.2（2021.4重印）
（建设工程识图与预算快速入门丛书）
ISBN 978-7-112-18003-5

Ⅰ.①园… Ⅱ.①曾… Ⅲ.①景观-园林建筑-工程施工-建筑制图-识别②景观-园林建筑-工程施工-建筑预算定额 Ⅳ.①TU986.3

中国版本图书馆CIP数据核字（2015）第070123号

本书为“建设工程识图与预算快速入门丛书”之一。依据《建设工程工程量清单计价规范》GB 50500—2013、《园林绿化工程工程量计算规范》GB 50858—2013编写。本书共分为7章，主要内容包括：园林景观工程识图基础、园林景观工程图识读、园林景观工程预算基础、园林景观工程定额、园林景观工程施工图预算、园林景观工程工程量清单计价和园林景观工程工程量计算。

本书可供广大园林景观工程预算、造价及管理人员使用，也可供各层次院校的园林、风景园林专业师生参考。

* * *

责任编辑：郭 栋 岳建光 张 磊
责任设计：张 虹
责任校对：张 颖 党 蕾

建设工程识图与预算快速入门丛书
园林景观工程识图与预算快速入门
曾昭宏 主编

*

中国建筑工业出版社出版、发行（北京海淀三里河路9号）
各地新华书店、建筑书店经销
霸州市顺浩图文科技发展有限公司制版
北京建筑工业印刷厂印刷

*

开本：787×1092毫米 1/16 印张：12¾ 字数：315千字
2015年7月第一版 2021年4月第三次印刷
定价：**39.00**元
ISBN 978-7-112-18003-5
（31311）

编 委 会

主　编　曾昭宏

参　编（按笔画顺序排列）

王　乔　王秋月　白天辉　吕　峰

孙玉琦　杨　静　张　彤　张　健

单杉杉　夏　欣

前　言

随着我国工程造价管理模式的改革，我国建设工程预算管理也越来越规范。为了更好地完善工程量清单计价工作，国家颁布实施了《建设工程工程量清单计价规范》GB 50500—2013、《园林绿化工程工程量计算规范》GB 50858—2013 等新计价规范。新规范的颁布与实施，对广大园林工程造价人员和预算人员提出了更高的要求。针对市场初学者和入门者的需求，我们组织人员编写本书，旨在帮助他们快速学习和掌握园林预算知识，提高其专业能力，更好地适应工程造价工作的需要，合理确定园林景观工程造价。

本书从最基本的制图基础知识开始，讲解如何识读园林景观工程图，引导读者读懂园林景观工程图纸；通过预算基础知识、工程定额、施工图预算及工程量清单计价、工程量计算等内容，帮助读者了解并掌握预算知识，完成从初学者到造价员、造价工程师的转变。本书可供广大园林景观工程预算、造价及管理人员使用，也可供各层次院校的园林、风景园林专业师生参考。

由于编者的学识和经验有限，尽管编者尽心尽力、反复推敲核实，但书中难免有疏漏或未尽之处，恳请有关专家和广大读者提出宝贵的意见，以便做进一步的修改和完善。

目　　录

1 园林景观工程识图基础

1.1 园林工程制图规定

1.1.1 图纸幅面

园林制图采用国际通用的 A 系列幅面规格的图纸。图纸幅面代号包括五类：A0～A4，幅面尺寸如表 1-1 所示。

园林制图图纸幅面尺寸（单位：mm）　　表 1-1

幅面代号 尺寸代号	A0	A1	A2	A3	A4
$b \times l$	841×1189	594×841	420×594	297×420	210×297
c	10			5	
a	25				

注：表中 b 为幅面短边尺寸，l 为幅面长边尺寸，c 为图框线与幅面线间宽度，a 为图框线与装订边间宽度。

园林制图图纸的短边尺寸不应该加长，A0～A3 幅面长边尺寸可加长，但应当符合表 1-2 的规定。

园林制图图纸长边加长尺寸（单位：mm）　　表 1-2

幅面代号	长边尺寸	长边加长后的尺寸
A0	1189	1486(A0+1/4l)　1635(A0+3/8l)　1783(A0+1/2l) 1932(A0+5/8l)　2080(A0+3/4l)　2230(A0+7/8l) 2378(A0+l)
A1	841	1051(A1+1/4l)　1261(A1+1/2l)　1471(A1+3/4l) 1682(A1+l)　1892(A1+5/4l)　2102(A1+3/2l)
A2	594	743(A2+1/4l)　891(A2+1/2l)　1041(A2+3/4l) 1189(A2+l)　1338(A2+5/4l)　1486(A2+3/2l) 1635(A2+7/4l)　1783(A2+2l)　1932(A2+9/4l) 2080(A2+5/2l)
A3	420	630(A3+1/2l)　841(A3+l)　1051(A3+3/2l) 1261(A3+2l)　1471(A3+5/2l)　1682(A3+3l) 1892(A3+7/2l)

注：有特殊需要的图纸，可采用 $b \times l$ 为 841mm×891mm 与 1189mm×1261mm 的幅面。

园林制图图纸以短边作为垂直边应为横式，以短边作为水平边应为立式。A0～A3 图纸宜横式使用；在必要时，也可以立式使用。

一个园林工程设计中，每个专业所使用的图纸不应多于两种幅面，不含目录及表格所采用的 A4 幅面。

1.1.2 标题栏

（1）园林制图图纸中应有标题栏、图框线、幅面线、装订边和对中标志。园林制图图纸的标题栏及装订边的位置，应符合以下规定：

1）横式使用的园林制图图纸应按照图 1-1、图 1-2 的形式布置。

2）立式使用的园林制图图纸应按照图 1-3、图 1-4 的形式布置。

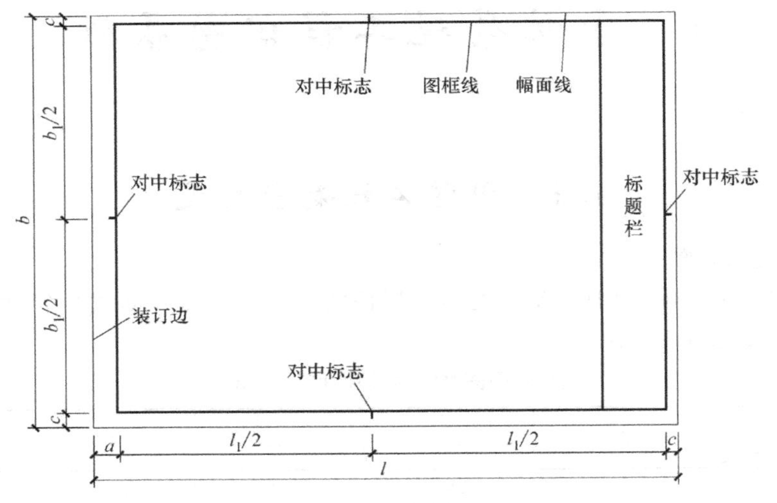

图 1-1　A0～A3 横式幅面（一）

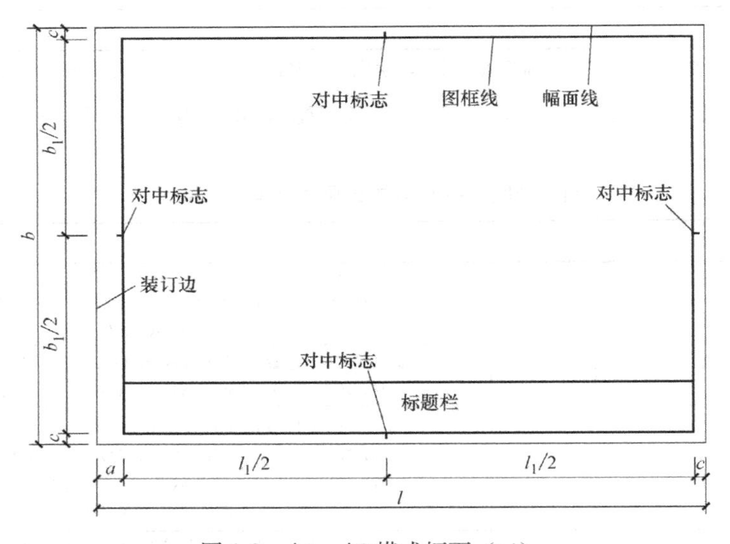

图 1-2　A0～A3 横式幅面（二）

（2）园林制图标题栏应符合图 1-5、图 1-6 的规定，根据园林工程的需要选择确定其尺寸、格式及分区。签字栏应包括实名列和签名列。

1.1.3　图线

1. 图线的一般规定

在绘制园林工程建设图纸时，为了表示图中的不同内容，并能够分清主次，必须使用不同线型及粗细的图线。图线的宽度 b，宜从 1.4mm、1.0mm、0.7mm、0.5mm、0.35mm、0.25mm、0.18mm、0.13mm 线宽系列中选取。图线宽度不应小于 0.1mm。每个图样，应根据复杂程度与比例大小，先选定基本线宽 b，再选用表 1-3 中相应的线宽组。同一张图纸内，相同比例的各图样应选用相同的线宽组。

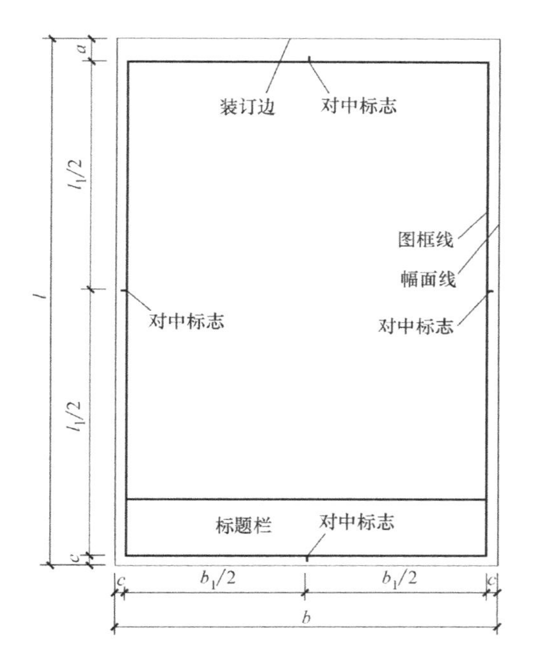

装订边
对中标志
图框线
幅面线
对中标志
对中标志
标题栏
对中标志
a
$l_1/2$
$l_1/2$
l
c
c
$b_1/2$
$b_1/2$
c
b

图 1-3　A0～A4 立式幅面（一）

装订边
对中标志
标题栏
对中标志
对中标志
图框线
幅面线
对中标志
a
$l_1/2$
$l_1/2$
l
c
c
$b_1/2$
$b_1/2$
c
b

图 1-4　A0～A4 立式幅面（二）

30～50
设计单位名称区
注册师签章区
项目经理签章区
修改记录区
工程名称区
图号区
签字区
会签栏

图 1-5　标题栏（一）

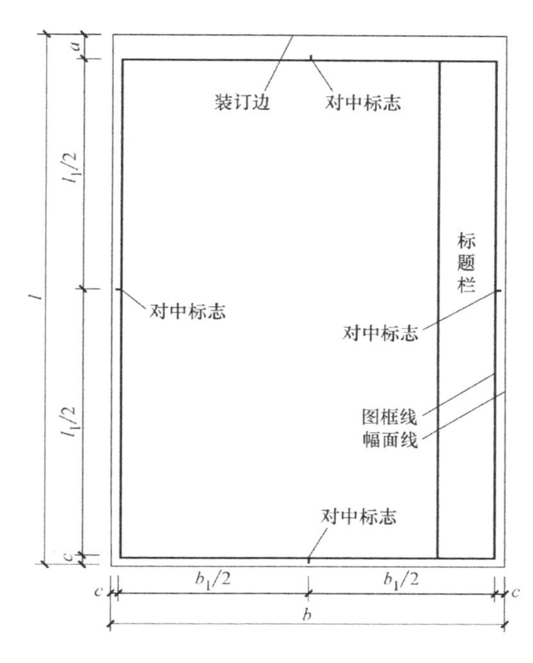

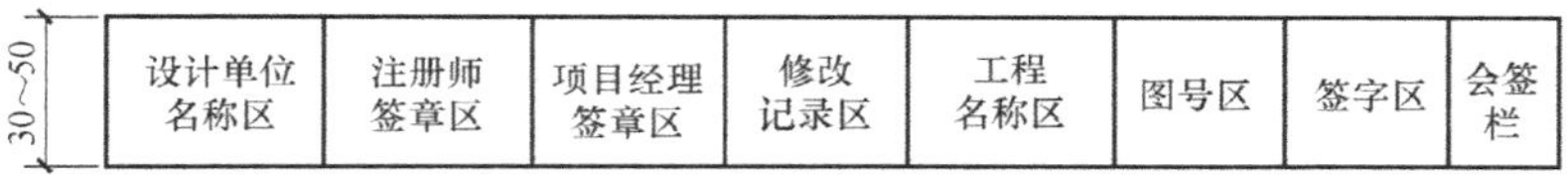

设计单位名称区
注册师签章区
项目经理签章区
修改记录区
工程名称区
图号区
签字区
会签栏
40～70

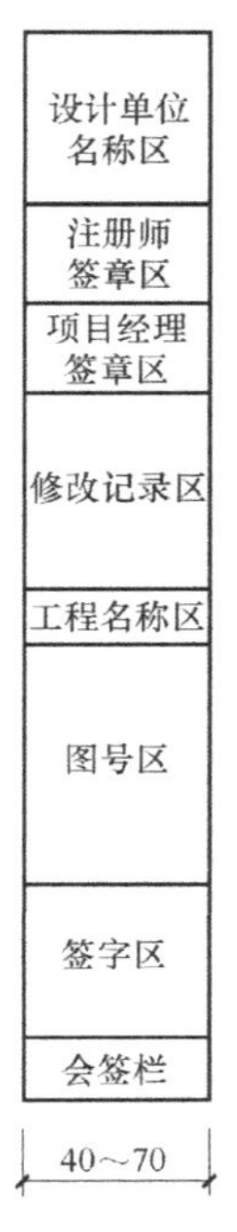

图 1-6　标题栏（二）

线宽组（单位：mm） 表 1-3

线宽比	线宽组			
b	1.4	1.0	0.7	0.5
0.7b	1.0	0.7	0.5	0.35
0.5b	0.7	0.5	0.35	0.25
0.25b	0.35	0.25	0.18	0.13

注：1. 需要缩微的图纸，不宜采用 0.18mm 及更细的线宽。
2. 同一张图纸内，各不同线宽中的细线，可统一采用较细的线宽组的细线。

为使图形清晰、含义清楚且绘图方便，图家标准中对图线的形式、宽度、间距以及用途均做了明确的规定，如表 1-4 所示。相互平行的图例线，其净间隙或线中间隙不宜小于 0.2mm。虚线、单点长画线或双点长画线的线段长度及间隔，宜各自相等。单点长画线或双点长画线，当在较小图形中绘制有困难时，可以用实线代替。单点长画线或双点长画线的两端，不应是点。点画线与点画线交接点或点画线与其他图线交接时，应是线段交接。虚线与虚线交接或虚线与其他图线交接时，应是线段交接。虚线为实线的延长线时，不得与实线相接。

图线的线型、线宽及用途（单位：mm） 表 1-4

名称		线型	线宽	一般用途
实线	粗	————	b	主要可见轮廓线
	中粗	————	0.7b	可见轮廓线
	中	————	0.5b	可见轮廓线、尺寸线、变更云线
	细	————	0.25b	图例填充线、家具线
虚线	粗	– – – – – – –	b	见各有关专业制图标准
	中粗	– – – – – – –	0.7b	不可见轮廓线
	中	– – – – – – –	0.5b	不可见轮廓线、图例线
	细	– – – – – – –	0.25b	图例填充线、家具线
单点长画线	粗	—·—·—	b	见各有关专业制图标准
	中	—·—·—	0.5b	见各有关专业制图标准
	细	—·—·—	0.25b	中心线、对称线、轴线等
双点长画线	粗	—··—··—	b	见各有关专业制图标准
	中	—··—··—	0.5b	见各有关专业制图标准
	细	—··—··—	0.25b	假想轮廓线、成型前原始轮廓线
折断线		—\/—	0.25b	断开界线
波浪线		～～～	0.25b	断开界线

图纸的图框和标题栏线可以采用表 1-5 的线宽。

图框和标题栏线的宽度（单位：mm） 表 1-5

幅面代号	图框线	标题栏外框线	标题栏分格线
A0、A1	b	0.5b	0.25b
A2、A3、A4	b	0.7b	0.35b

图线不得与文字、数字或符号重叠、混淆。不可避免时，应首先保证文字的清晰。

2. 图线交接的画法

不同的线型，画法的要求不同，现举例说明如下。

(1) 接头应准确，不可偏离或超出。

(2) 两虚线相交或相接时，应以两虚线的短画相交或相接。

(3) 虚线与实线相交或相接时，虚线的短画应与实线相接或相交；如虚线是实线的延长线时，相接处应留空隙，如图 1-7 所示。

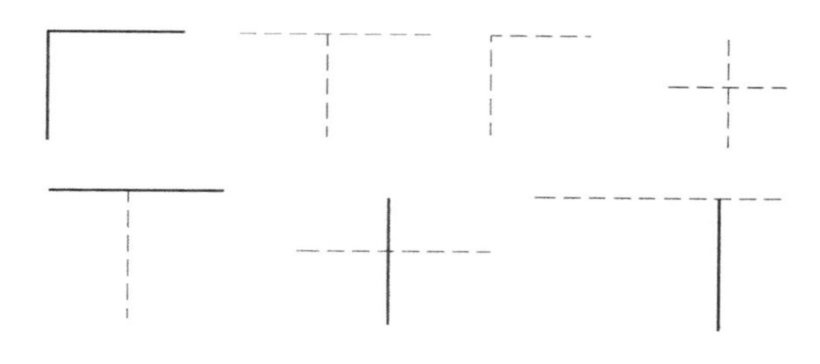

图 1-7 实线、虚线交接画法举例

(4) 点画线与点画线或与其他图线相交或相接，应与点画线的线段相交或相接。

(5) 画圆的中心线时，圆心是点画线段的交点，两端应当超出圆弧 2～3mm，末端不应是点；图形较小，画点画线有困难时，可用细实线代替，如图 1-8 所示。

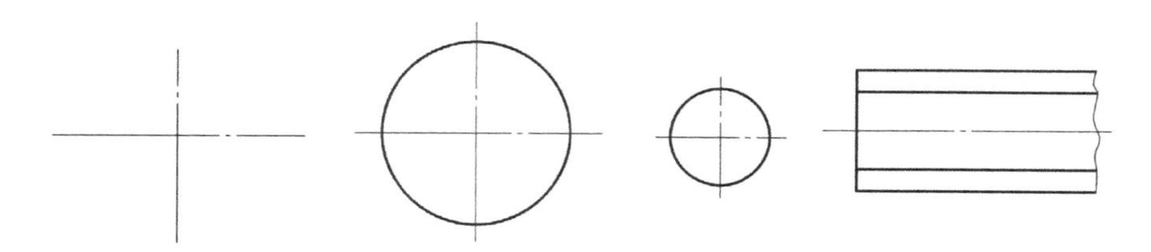

图 1-8 点画线、断开线画法举例

(6) 在同一图纸中，性质相同的虚线或点画线，其线段长度及其间隔应大致相等。线段的长度及间隔的大小，将视所画虚线或点画线的总长和粗细而定。

(7) 折断线应当通过被折断的全部并超出 2～3mm。折断线间的符号和波浪线均应徒手画出。

3. 各园林要素绘制的线型要求

(1) 地形。设计地形等高线用细实线绘制，原地形等高线用细虚线绘制。

(2) 园林建筑。在大比例图中，剖面图用粗实线画出断面轮廓，用中实线画出其他可见轮廓；屋顶平面图中，用粗实线画出外轮廓，用细实线画出屋面；对于花坛、花架等建筑小品，用细实线画出投影轮廓。小比例图中，只需用粗实线画出水平投影外轮廓线。

(3) 水体。水体通常用两条线表示：外面的一条表示水体边界线（即驳岸线），用特粗实线绘制；里面的一条表示水面，用细实线绘制。

(4) 山石。都采用其水平投影轮廓线概括表示，以粗实线绘出边缘轮廓，以细实线概括绘出皴纹。

(5) 园路。用细实线画出路线。

1.1.4 比例

工程图纸中的建筑物或机械图中的机械零件，均无法按照它们的实际大小画到图纸上，需要按照一定的比例放大或缩小，园林制图亦如此。图形与实物相对的线性尺寸之比，称为比例。比例的大小是指比值的大小，如 1∶50 大于 1∶100。比例的符号用“∶”表示。比例宜注写在图名的右侧，字的基准线应取平，比例的字高宜比图名的字高小一号或二号，如图 1-9 所示。

图 1-9 比例的注写

绘图所用的比例应当根据图样的用途与被绘对象的复杂程度，从表 1-6 中选用，并应优先采用表中的常用比例。通常情况下，一个图样应当选用一种比例。根据专业制图的需要，同一图样可以选用两种比例。特殊情况下也可以自选比例，此时除了应当注出绘图比例外，还必须在适当位置绘制出相应的比例尺。

园林设计图纸常用比例 表 1-6

类 别	比 例
详图	1∶2,1∶3,1∶4,1∶5,1∶10,1∶20,1∶30,1∶40,1∶50
道路绿化图	1∶50,1∶100,1∶150,1∶200,1∶250,1∶300
小游园规划图	1∶50,1∶100,1∶150,1∶200,1∶250,1∶300
居住区绿化图	1∶100,1∶200,1∶300,1∶400,1∶500,1∶1000
公园规划图	1∶500,1∶1000,1∶2000

1.1.5 尺寸标注

1. 尺寸的组成

园林制图图样上的尺寸，应当包括尺寸界线、尺寸线、尺寸起止符号和尺寸数字，如图 1-10 所示。

2. 尺寸界线、尺寸线及尺寸起止符号

（1）尺寸界线。尺寸界线应用细实线绘制，应与被注长度垂直，其一端应离开图样轮廓线且不应小于 2mm，另一端宜超出尺寸线 2～3mm。图样轮廓线可以用作尺寸界线，如图 1-11 所示。

（2）尺寸线。尺寸线应用细实线绘制，应与被注长度平行。图样本身的任何图线均不得用作尺寸线。

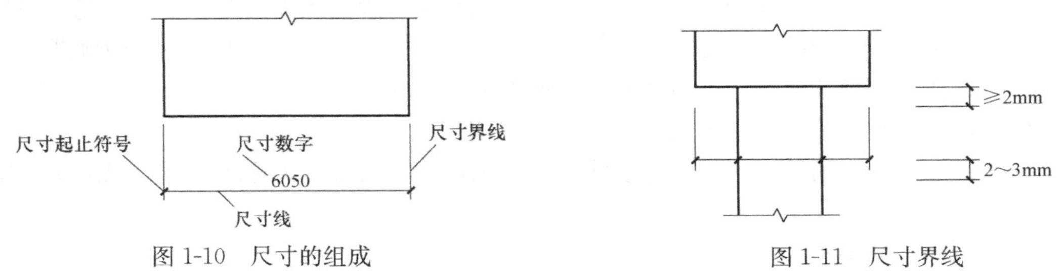

图 1-10 尺寸的组成　　图 1-11 尺寸界线

（3）尺寸起止符号。尺寸起止符号用中粗斜短线绘制，其倾斜方向应与尺寸界线成顺时针45°角，长度宜为2～3mm。半径、直径、角度与弧长的尺寸起止符号，宜用箭头表示，如图1-12所示。

3. 尺寸数字

（1）园林工程图样上的尺寸，应以尺寸数字为准，不得从图上直接量取。

（2）园林工程图样上的尺寸单位，除标高及总平面以米为单位外，其他必须以毫米为单位。

（3）尺寸数字的方向，应当按照图1-13（*a*）的规定注写。如果尺寸数字在30°斜线区内，也可以按照图1-13（*b*）的形式注写。

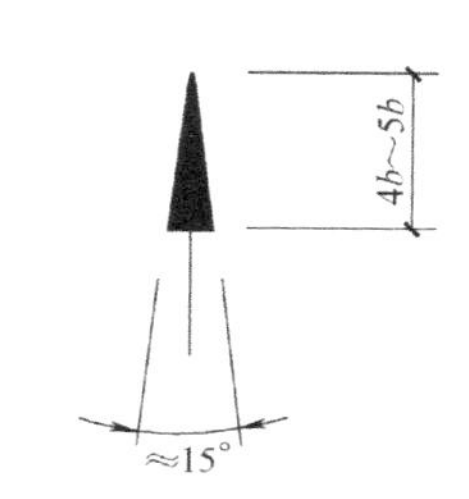

图1-12　箭头尺寸起止符号

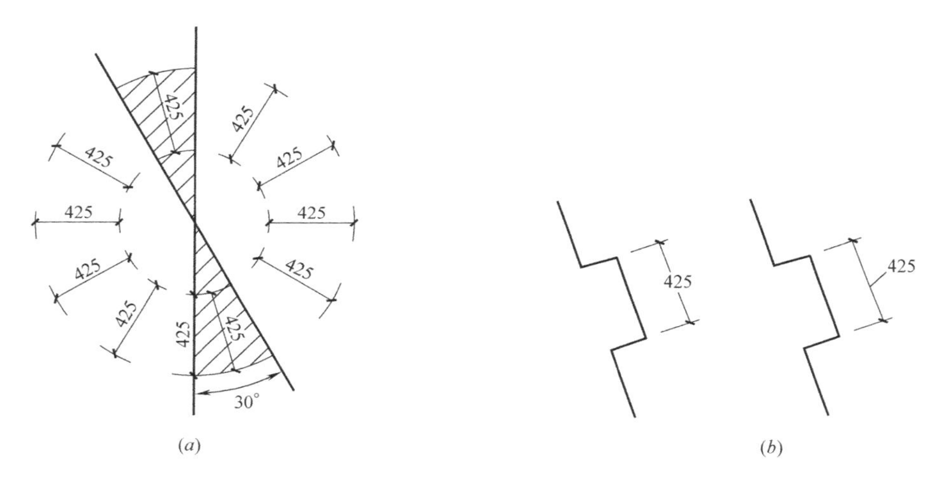

图1-13　尺寸数字的注写方向

（*a*）尺寸数字注写方向；（*b*）尺寸数字在30°斜线区内的两种注写形式

（4）尺寸数字应依据其方向，注写在靠近尺寸线的上方中部。如没有足够的注写位置，最外边的尺寸数字可以注写在尺寸界线的外侧，中间相邻的尺寸数字可以上下错开注写，引出线端部用圆点表示标注尺寸的位置，如图1-14所示。

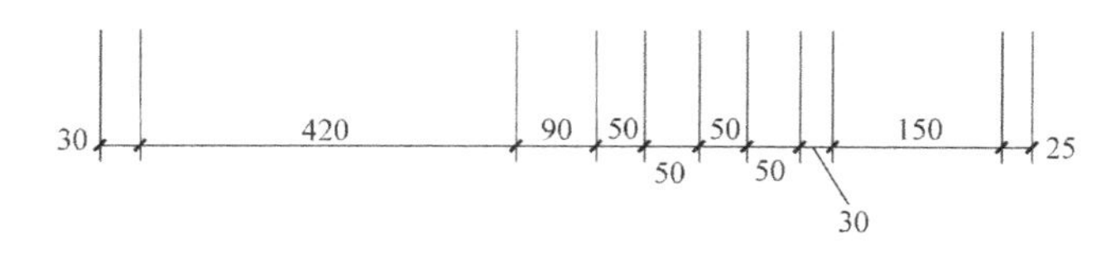

图1-14　尺寸数字的注写位置

4. 尺寸的排列与布置

（1）尺寸宜标注在工程图样轮廓之外，不宜与图线、文字及符号等相交，如图1-15所示。

（2）互相平行的尺寸线，应从被注写的工程图样轮廓线由近向远整齐排列，较小尺寸应当离轮廓线较近，较大尺寸应离轮廓线较远，如图1-16所示。

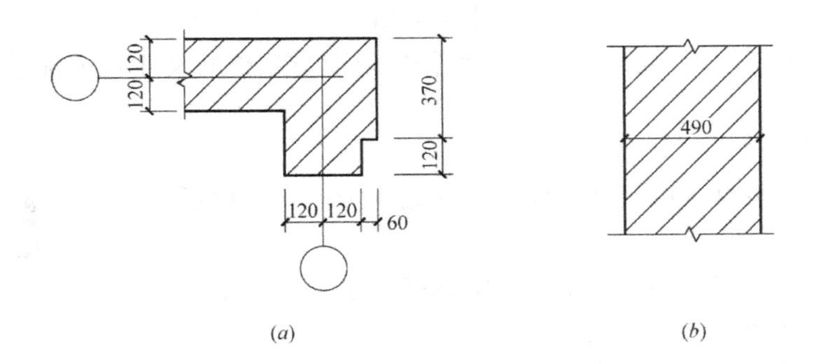

图 1-15　尺寸数字的注写

(a) 注写方式（一）；(b) 注写方式（二）

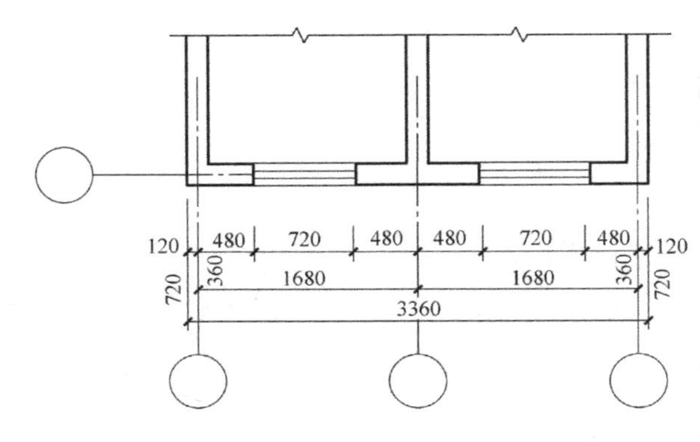

图 1-16　尺寸的排列

(3) 工程图样轮廓线以外的尺寸界线，距图样最外轮廓之间的距离，不宜小于10mm。平行排列的尺寸线的间距，宜为7～10mm并应保持一致，如图1-16所示。

(4) 总尺寸的尺寸界线应靠近所指部位，中间分尺寸的尺寸界线可稍短，但其长度应相等，如图1-16所示。

5. 常用的尺寸标注

(1) 半径、直径、球的尺寸标注

1) 半径的尺寸线应一端从圆心开始，另一端画箭头指向圆弧。半径数字前应加注半径符号“*R*”，如图1-17所示。

2) 较小圆弧的半径，可以按照图1-18的形式标注。

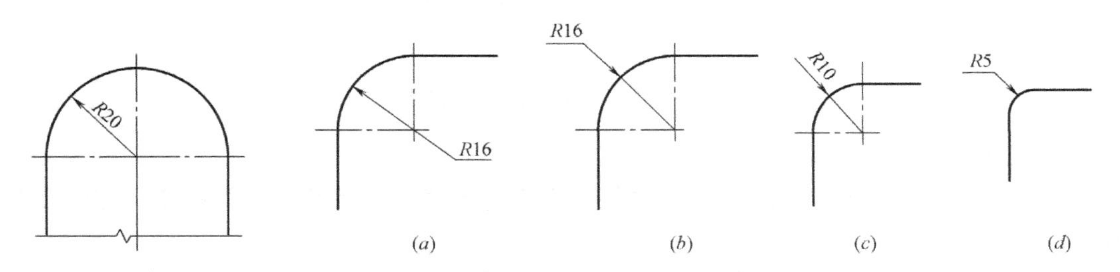

图 1-17　半径标注方法

图 1-18　小圆弧半径的标注方法

(a) 标注方法（一）；(b) 标注方法（二）；(c) 标注方法（三）；(d) 标注方法（四）

3）较大圆弧的半径，可以按照图 1-19 的形式标注。

4）标注圆的直径尺寸时，直径数字前应当加直径符号“ϕ”。在圆内标注的尺寸线应通过圆心，两端画箭头指至圆弧，如图 1-20 所示。

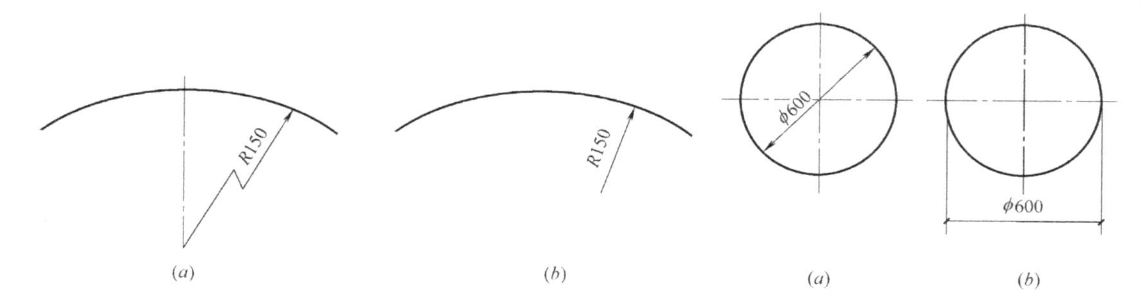

图 1-19　大圆弧半径的标注方法

(*a*) 标注方法（一）；(*b*) 标注方法（二）

图 1-20　圆直径的标注方法

(*a*) 标注方法（一）；(*b*) 标注方法（二）

5）较小圆的直径尺寸，可以标注在圆外，如图 1-21 所示。

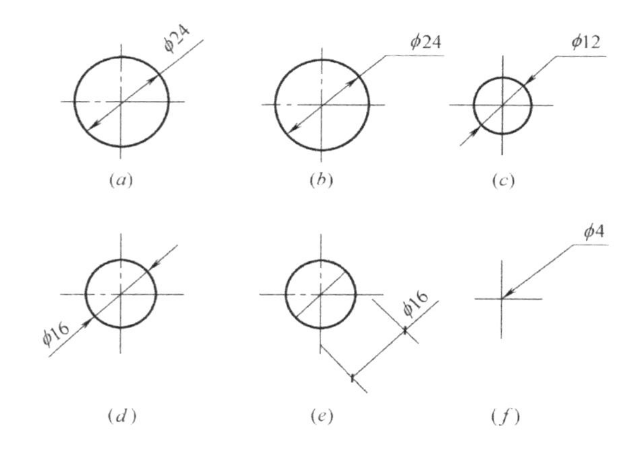

图 1-21　小圆直径的标注方法

(*a*) 标注方法（一）；(*b*) 标注方法（二）；(*c*) 标注方法（三）；

(*d*) 标注方法（四）；(*e*) 标注方法（五）；(*f*) 标注方法（六）

6）标注球的半径尺寸时，应在尺寸前加注符号“*SR*”。标注球的直径尺寸时，应在尺寸数字前加注符号“$S\phi$”。注写方法与圆弧半径和圆直径的尺寸标注方法相同。

（2）角度、弧度、弧长的标注

1）角度的尺寸线应以圆弧表示。此圆弧的圆心应是该角的顶点，角的两条边为尺寸界线。起止符号应以箭头表示，如没有足够位置画箭头，可以用圆点代替，角度数字应沿尺寸线方向注写，如图 1-22 所示。

2）标注圆弧的弧长时，尺寸线应以与该圆弧同心的圆弧线表示，尺寸界线应当指向圆心，起止符号用箭头表示，弧长数字上方应加注圆弧符号“⌒”，如图 1-23 所示。

3）标注圆弧的弦长时，尺寸线应以平行于该弦的直线表示，尺寸界线应垂直于该弦，起止符号用中粗斜短线表示，如图 1-24 所示。

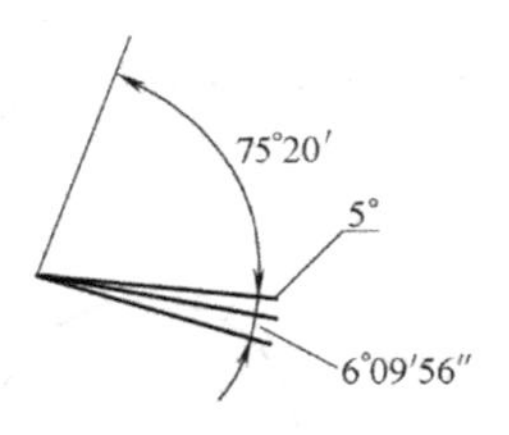

图 1-22　角度标注方法

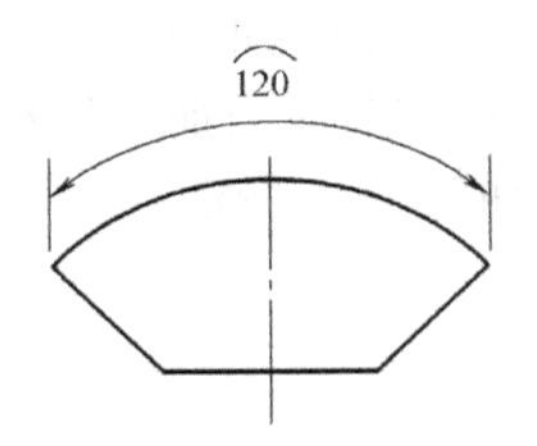

图 1-23　弧长标注方法

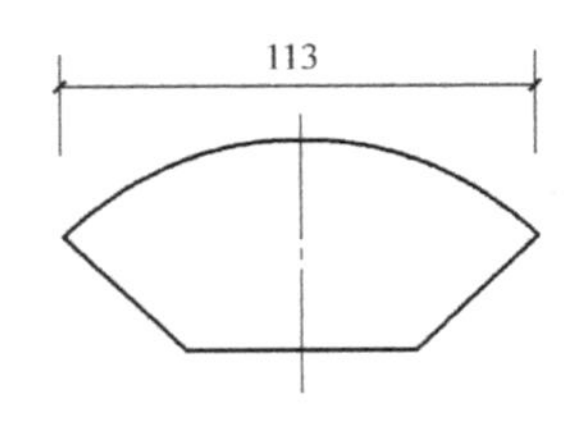

图 1-24　弦长标注方法

（3）标高标注。标高表示建筑物的地面或某个部位的高度。一般，将建筑物首层地面标高定为±0.000，在其上部的标高定为“+”值，常省略不写；在其下部的标高定为“−”值，在标注时，必须写上，例如−0.300。标高注写时通常要写到小数点后三位数字，总平面图中，可以注写到小数点以后第二位，但是±0.000不能省略。标高的标注方法如下：

1）标高符号应以直角等腰三角形表示，按照图 1-25（*a*）所示形式用细实线绘制，当标注位置不够时，也可以按照图 1-25（*b*）所示形式绘制。标高符号的具体画法应符合图 1-25（*a*）、（*b*）的规定。

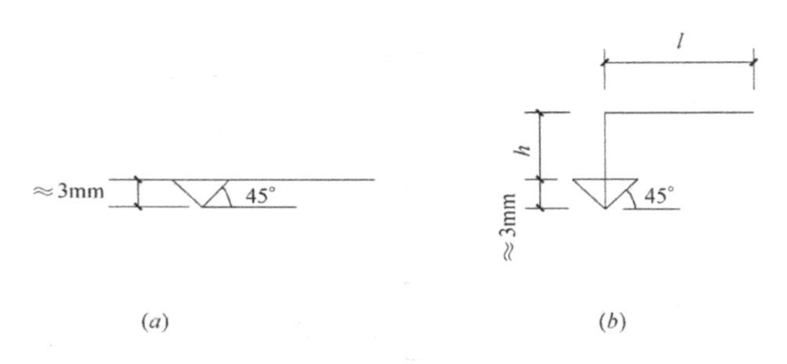

图 1-25　标高符号

（*a*）标高绘制形式；（*b*）标注位置不够时的绘制形式

l—取适当长度注写标高数字；*h*—根据需要取适当高度

2）总平面图室外地坪标高符号，宜用涂黑的三角形表示，具体画法应符合图 1-26 的规定。

3）标高符号的尖端应指至被注高度的位置。尖端宜向下，也可以向上。标高数字应注写在标高符号的上侧或下侧，如图 1-27 所示。

4）标高数字应以米为单位，注写到小数点以后第三位。在总平面图中，可以注写到小数字点以后第二位。

5）零点标高应注写成±0.000，正数标高不注“+”，负数标高应当注“−”，例如3.000、−0.600。

6）在图样的同一位置需要表示几个不同标高时，标高数字可以按照图 1-28 的形式注写。

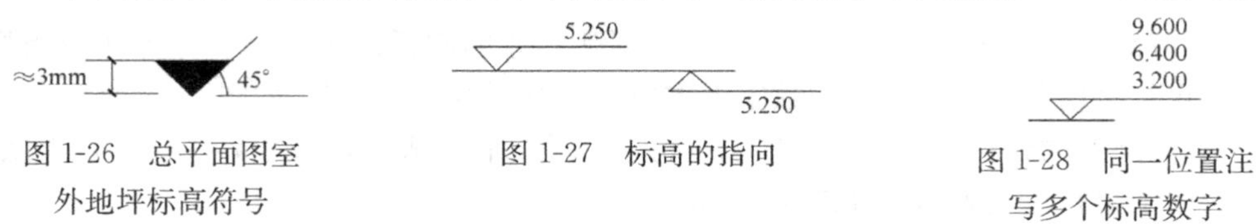

图 1-26　总平面图室外地坪标高符号

图 1-27　标高的指向

图 1-28　同一位置注写多个标高数字

（4）薄板厚度标注。在薄板板面标注板厚尺寸时，应当在厚度数字前加厚度符号“t”，如图 1-29 所示。

（5）正方形尺寸标注。标注正方形的尺寸，可以用“边长×边长”的形式，也可以在边长数字前加正方形符号“□”，如图 1-30 所示。

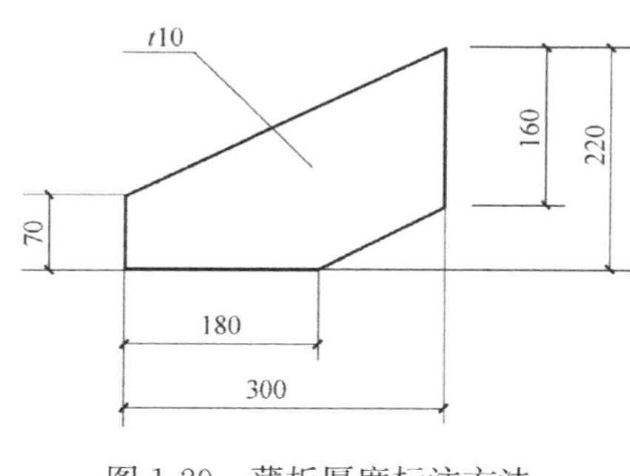

图 1-29 薄板厚度标注方法

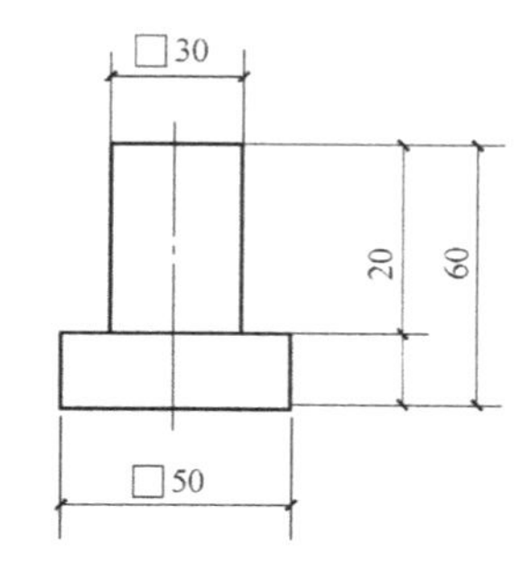

图 1-30 标注正方形尺寸

（6）坡度标注。标注坡度时，应当加注坡度符号“←”，如图 1-31（a）、（b）所示，此符号为单面箭头，箭头应当指向下坡方向。坡度也可以用直角三角形形式标注，如图 1-31（c）所示。

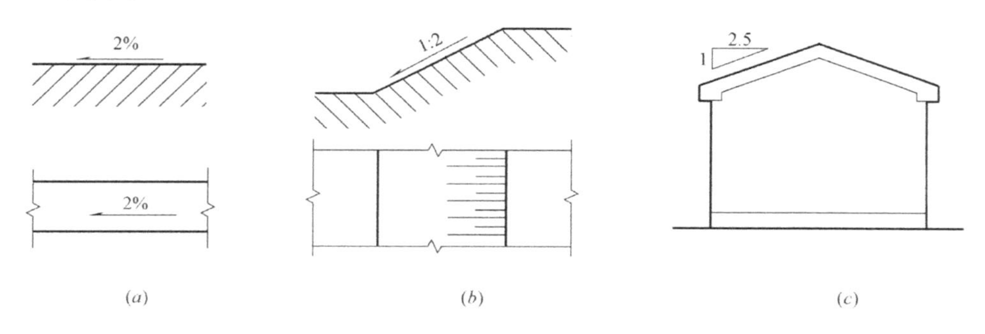

图 1-31 坡度标注方法

（a）标注方法（一）；（b）标注方法（二）；（c）直角三角形形式标注坡度

（7）非圆曲线构件标注。外形为非圆曲线的构件，可以用坐标形式标注尺寸，如图 1-32 所示。

（8）复杂图形标注。复杂的图形，可以用网格形式标注尺寸，如图 1-33 所示。

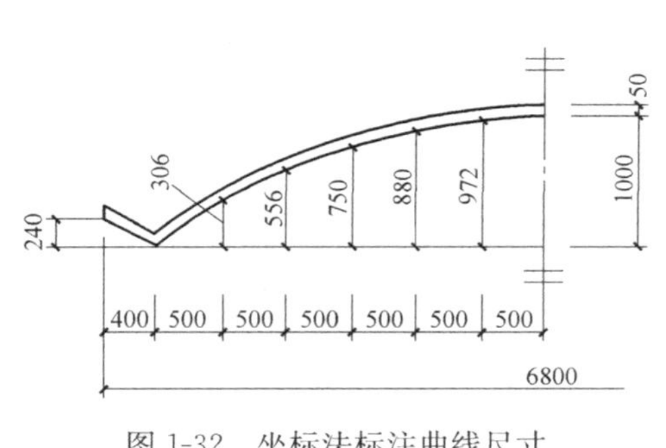

图 1-32 坐标法标注曲线尺寸

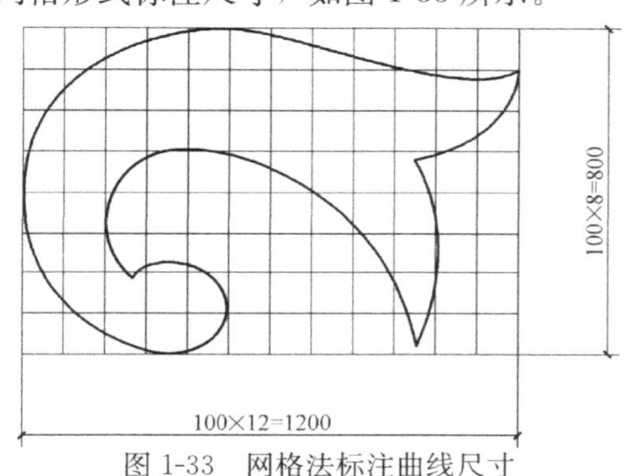

图 1-33 网格法标注曲线尺寸

1.1.6 符号

1. 剖切符号

（1）剖视的剖切符号应由剖切位置线及剖视方向线组成，均应以粗实线绘制。剖视的剖切符号应符合下列规定：

1）剖切位置线的长度宜为6～10mm；剖视方向线应垂直于剖切位置线，长度应短于剖切位置线，宜为4～6mm，如图1-34所示。也可采用国际统一和常用的剖视方法，如图1-35所示。绘制时，剖视剖切符号不应与其他图线相接触。

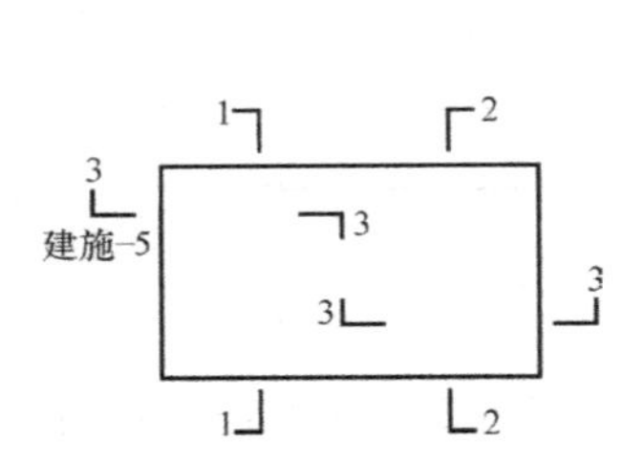

图1-34 剖视的剖切符号（一）

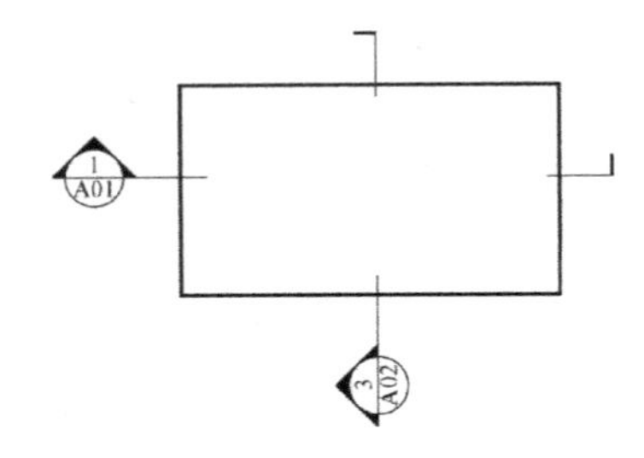

图1-35 剖视的剖切符号（二）

2）剖视剖切符号的编号宜采用粗阿拉伯数字，按剖切顺序由左至右、由下向上连续编排，并应注写在剖视方向线的端部。

3）需要转折的剖切位置线，应在转角的外侧加注与该符号相同的编号。

4）建（构）筑物剖面图的剖切符号应注在±0.000标高的平面图或首层平面图上。

5）局部剖面图（不含首层）的剖切符号应注在包含剖切部位的最下面一层的平面图上。

（2）断面的剖切符号应符合下列规定：

1）断面的剖切符号应只用剖切位置线表示，并应以粗实线绘制，长度宜为6～10mm。

2）断面剖切符号的编号宜采用阿拉伯数字，按顺序连续编排，并应注写在剖切位置线的一侧；编号所在的一侧应为该断面的剖视方向，如图1-36所示。

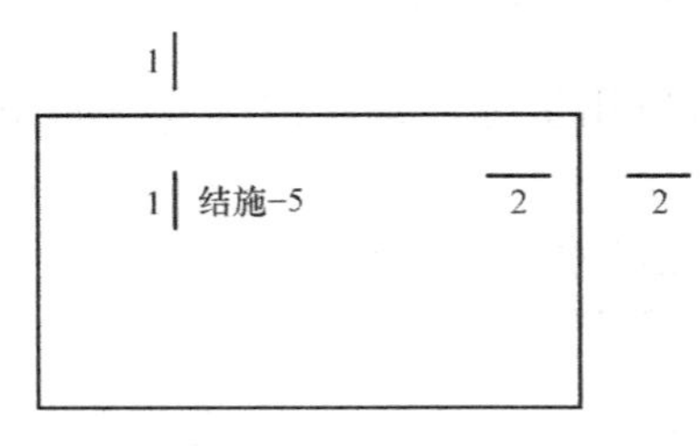

图1-36 断面的剖切符号

（3）剖面图或断面图，当与被剖切图样不在同一张图内时，应在剖切位置线的另一侧注明其所在图纸的编号，也可以在图上集中说明。

2. 索引符号与详图符号

（1）图样中的某一局部或构件需另见详图时，应以索引符号索引，如图1-37（*a*）所示。索引符号由直径为8～10mm的圆和水平直径组成，圆和水平直径用细实线表示。索引出的详图与被索引的详图同在一张图纸时，应在索引符号的上半圆中用阿拉伯数字注明该详图的编号，在下半圆中间画一段水平细实线，如图1-37（*b*）所示。索引出的详图与被索引的详图不在同一张图纸时，应在索引符号的上半圆中用阿拉伯数字注明该详图的编号，在下半圆中用阿拉伯数字注明该详图所在图纸的编号，如图1-37（*c*）所示。数字较多时，也可加文字标注。索引出的详图采用标准图时，应在索引符号水平直径的延长线上加注该标准图集的编号，如图1-37（*d*）所示。

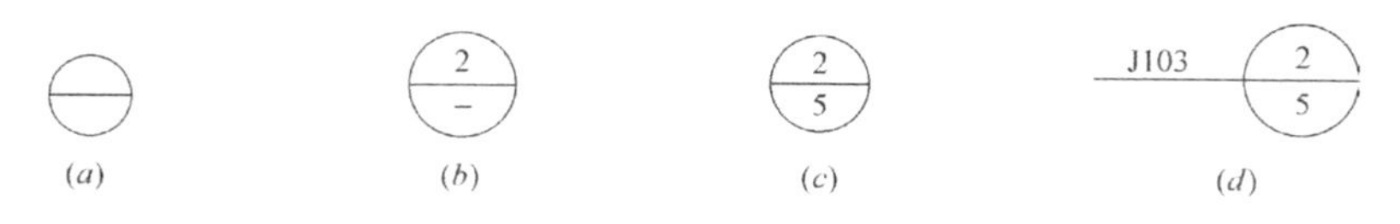

图 1-37　索引符号

(a) 图样中的某一局部或构件需另见详图时；(b) 索引出的详图与被索引的详图同在一张图纸时；
(c) 索引出的详图与被索引的详图不在同一张图纸时；(d) 索引出的详图采用标准图时

(2) 索引符号用于索引剖视详图时，应在被剖切的部位绘制剖切位置线，并用引出线引出索引符号，剖视方向为引出线所在的一侧，如图 1-38 所示，索引符号的编号同上。

(3) 零件、钢筋、杆件、设备等的编号用阿拉伯数字按顺序编写，以直径为 5～6mm 的细实线圆表示，如图 1-39 所示，同一图样圆的直径应相同。

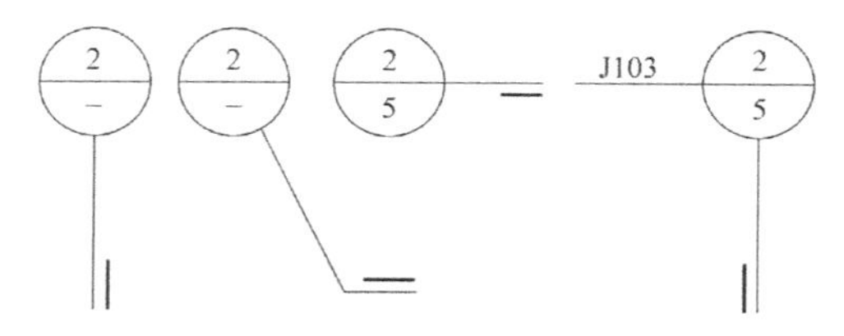

图 1-38　用于索引剖面详图的索引符号

(4) 详图符号的圆用直径为 14mm 的粗实线绘制，详图与被索引的图样在同一张图纸内时，应在详图符号内用阿拉伯数字注明该详图编号，如图 1-40 所示。详图与被索引的图样不在同一张图纸时，应用细实线在详图符号内画一水平直径，上半圆中注明详图的编号，下半圆注明被索引图纸的编号，如图 1-37 (c) 所示。

图 1-39　零件、杆件的编号

图 1-40　与被索引的图样在同一张图纸的详图符号

3. 引出线

(1) 引出线应以细实线绘制，宜采用水平方向的直线、与水平方向成 30°、45°、60°、90°的直线，或经上述角度再折为水平线。文字说明宜注写在水平线的上方，如图 1-41 (a) 所示；也可注写在水平线的端部，如图 1-41 (b) 所示。索引详图的引出线，应对准索引符号的圆心，如图 1-41 (c) 所示。

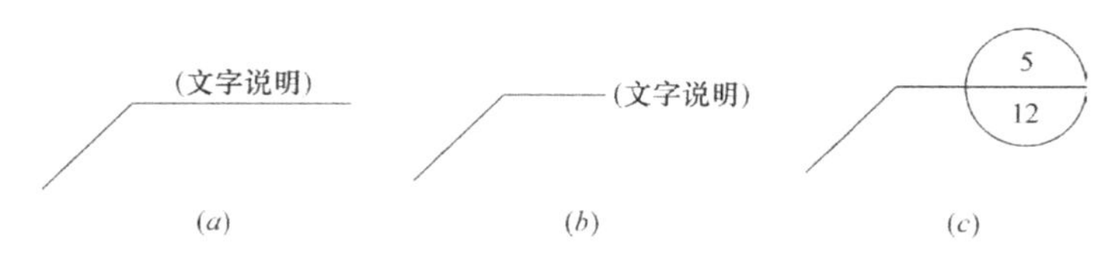

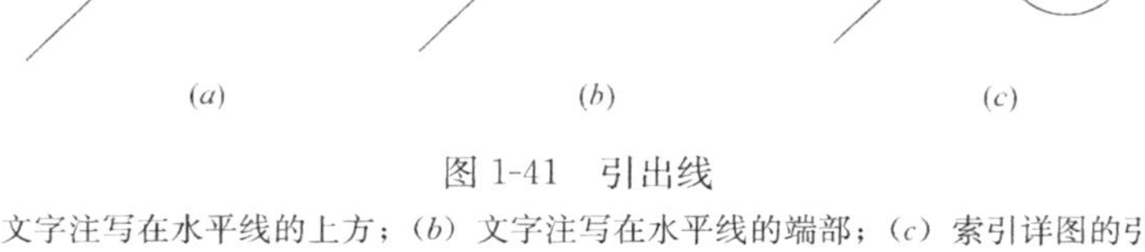

图 1-41　引出线

(a) 文字注写在水平线的上方；(b) 文字注写在水平线的端部；(c) 索引详图的引出线

(2) 同时引出几个相同部分的引出线，宜互相平行，如图 1-42 (a) 所示，也可画成集中于一点的放射线，如图 1-42（*b*）所示。

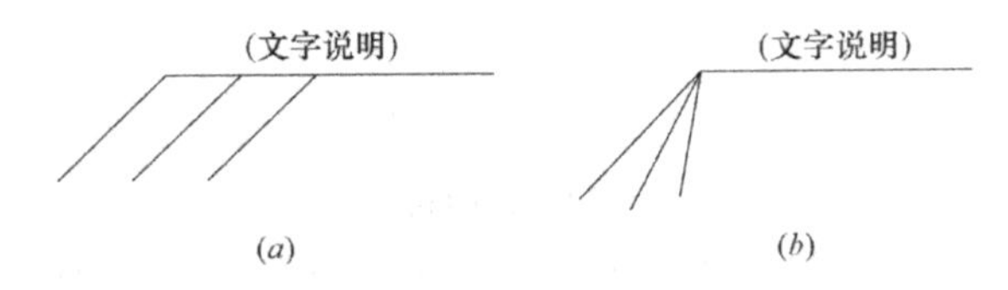

图 1-42 共用引出线

（*a*）引出线互相平行；（*b*）引出线集中于一点

（3）多层构造或多层管道共用引出线，应通过被引出的各层，并用圆点示意对应各层次。文字说明宜注写在水平线的上方，或注写在水平线的端部，说明的顺序应由上至下，并应与被说明的层次相互一致；若层次为横向排序，则由上至下的说明顺序应与由左至右的层次对应一致，如图 1-43 所示。

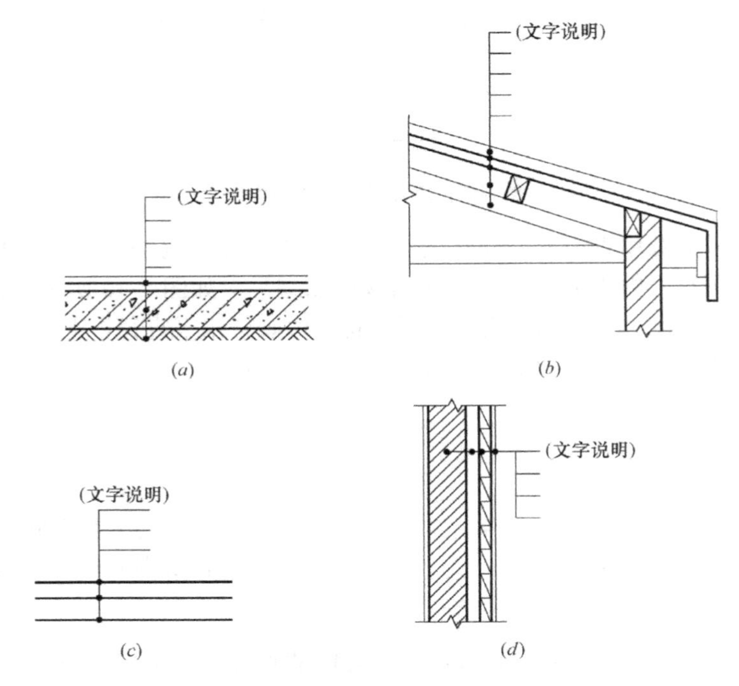

图 1-43 多层共用引出线的几种形式

（*a*）形式（一）；（*b*）形式（二）；（*c*）形式（三）；（*d*）形式（四）

1.1.7 指北针与风玫瑰图

指北针宜采用细实线绘制，其形状如图 1-44 所示，圆的直径宜为 24mm，指针尾部的宽度为 3mm。需用较大直径绘制指北针时，指针尾部宽度宜为直径的 1/8。

风玫瑰图是指根据某一地区气象台观测的风气象资料绘制出的图形。分为风向玫瑰图及风速玫瑰图两种，通常多用风向玫瑰图。风向玫瑰图表示风向和风向的频率。风向频率是在一定时间内各种风向出现的次数占所有观察次数的百分比。根据各方向风的出现频率，以相应的比例长度，按照风向中心吹，描在用 8 或 16 个方位所表示的图上，然后将各相邻方向的端点用直线连接起来，绘成一个形式宛如玫瑰的闭合折线，就是风向玫瑰图。图 1-44 中，线段最长者即是当地主导风向，粗实线表示全面风频情况，虚线表示夏季风频情况。

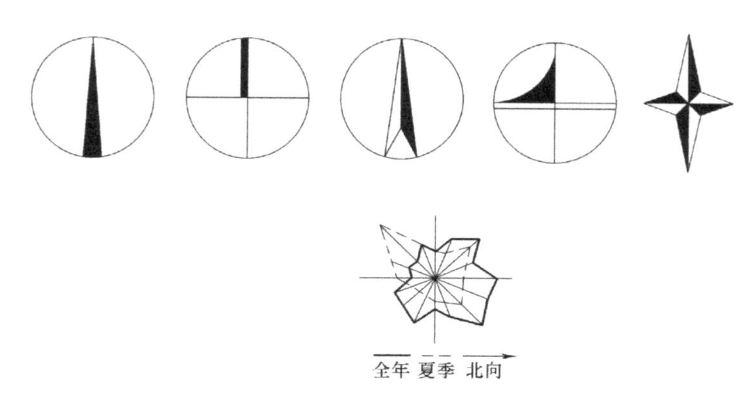

图 1-44 指北针与风玫瑰图

1.2 园林景观工程常用识图图例

1.2.1 常用建筑材料图例

园林工程图常用建筑材料图例，如表 1-7 所示。

园林工程图常用建筑材料图例 表 1-7

序号	名　称	图　例	说　明
1	自然土壤		包括各种自然土壤
2	夯实土壤		—
3	砂、灰土		靠近轮廓线点较密的点
4	砂、砾石、碎砖三合土		—
5	天然石材		包括岩层、砌体、铺地、贴面等材料
6	毛石		—
7	普通砖		(1)包括砌体、砌块 (2)断面较窄，不易画出图例线时，可涂红
8	耐火砖		包括耐酸砖等
9	空心砖		包括多种多孔砖
10	饰面砖		包括铺地砖、马赛克、陶瓷马赛克、人造大理石等
11	木材		(1)上图为横断面，上左图为垫木、木砖或木龙骨 (2)下图为纵断面
12	金属		包括各种金属

1.2.2 园林绿地规划设计图例

园林绿地规划设计图例，如表1-8所示。

园林绿地规划设计图例 表1-8

序号	名称	图例	说明
		建筑	
1	规划的建筑物		用粗实线表示
2	原有的建筑物		用细实线表示
3	规划扩建的预留地或建筑物	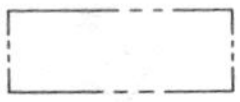	用中虚线表示
4	拆除的建筑物	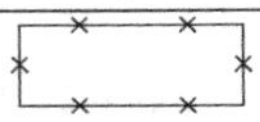	用细实线表示
5	地下建筑物		用粗虚线表示
6	坡屋顶建筑		包括瓦顶、石片顶、饰面砖顶等
7	草顶建筑或简易建筑		—
8	温室建筑	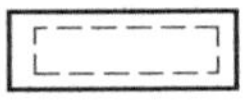	—
		水体	
9	自然形水体		—
10	规则形水体		—
11	跌水、瀑布	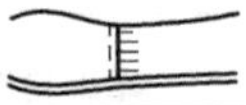	—
12	旱涧	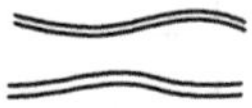	—
13	溪涧	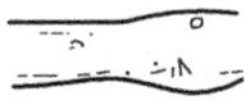	—
		工程设施	
14	护坡	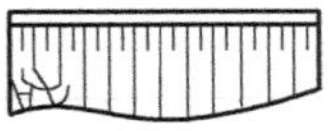	—
15	挡土墙	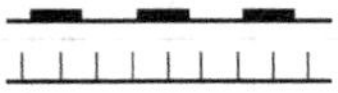	突出的一侧表示被挡土的一方
16	排水明沟	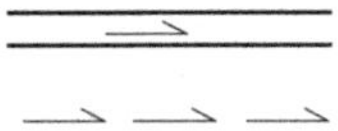	上图用于比例较大的图面 下图用于比例较小的图面
17	有盖的排水沟	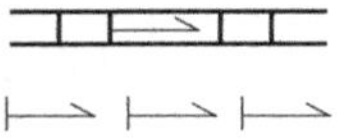	上图用于比例较大的图面 下图用于比例较小的图面
18	雨水井		—

续表

序号	名　称	图　例	说　明
工程设施			
19	消火栓井		—
20	喷灌点		—
21	道路	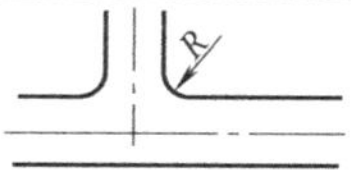	—
22	铺装路面	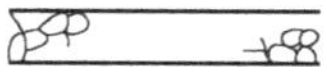	—
23	台阶		箭头指向表示向上
24	铺砌场地	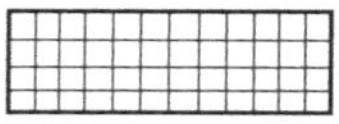	也可依据设计形态表示
25	车行桥	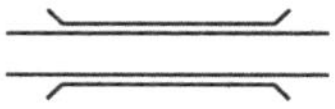	也可依据设计形态表示
26	人行桥	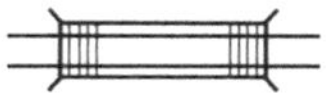	
27	亭桥	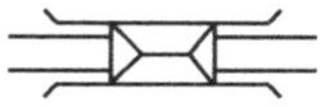	—
28	铁索桥	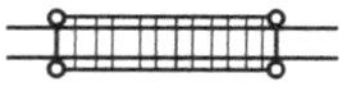	—
29	汀步	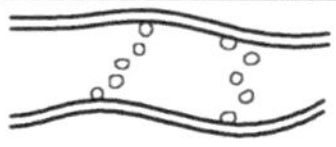	—
30	涵洞	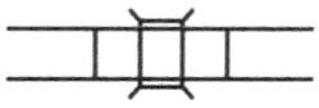	—
31	水闸	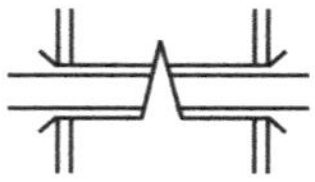	—
32	码头	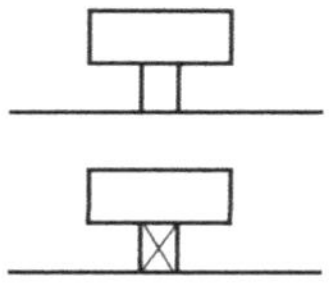	上图为固定码头 下图为浮动码头
33	驳岸	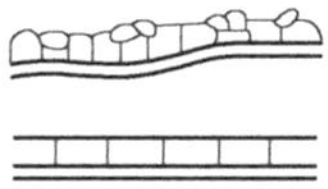	上图为假山石自然式驳岸 下图为整形砌筑规划式驳岸

1.2.3 城市绿地系统规划图例

城市绿地系统规划图例，如表 1-9 所示。

城市绿地系统规划图例 表 1-9

序号	名称	图例	说明
工程设施			
1	电视差转台		—
2	发电站		—
3	变电所		—
4	给水厂		—
5	污水处理厂		—
6	垃圾处理站		—
7	公路、汽车游览路		上图以双线表示，用中实线；下图以单线表示，用粗实线
8	小路、步行游览路		上图以双线表示，用细实线；下图以单线表示，用中实线
9	山地步行游小路		上图以双线加台阶表示，用细实线；下图以单线表示；用虚线
10	隧道		—
11	架空索道线		—
12	斜坡缆车线		—
13	高架轻轨线		—
14	水上游览线		细虚线
15	架空电力电讯线	—○— 代号 —○—	粗实线中插入管线代号，管线代号按现行国家有关标准的规定标注
16	管线	—— 代号 ——	—
用地类型			
17	村镇建设地		—
18	风景游览地		图中斜线与水平线成 45°角
19	旅游度假地		—

续表

序号	名　　称	图　　例	说　　明
用地类型			
20	服务设施地		—
21	市政设施地		—
22	农业用地		—
23	游憩、观赏绿地		—
24	防护绿地		—
25	文物保护地		包括地面和地下两大类，地下文物保护地外框用粗虚线表示
26	苗圃、花圃用地		—
27	特殊用地		—
28	针叶林地		需区分天然林地、人工林地时，可用细线界框表示天然林地，粗线界框表示人工林地
29	阔叶林地		—
30	针阔混交林地		—
31	灌木林地		—

续表

序号	名　称	图　例	说　明
用地类型			
32	竹林地	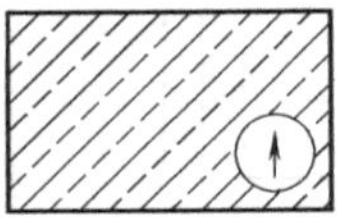	—
33	经济林地	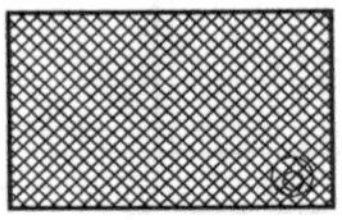	—
34	草原、草甸	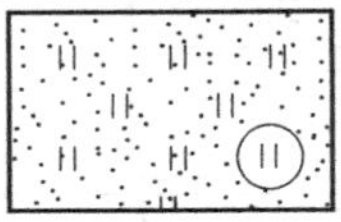	—

1.2.4 种植工程常用图例

1. 植物图例

植物图例，如表 1-10 所示。

植物图例 **表 1-10**

序号	名　称	图　例	说　明
1	落叶阔叶乔木		落叶乔、灌木均不填斜线；常绿乔、灌木加画 45°细斜线 阔叶树的外围线用弧裂形或圆形线；针叶树的外围线用锯齿形或斜刺形线 乔木外形成圆形；灌木外形成不规则形 乔木图例中粗线小圆表示现有乔木，细线小十字表示设计乔木；灌木图例中黑点表示种植位置 凡大片树林可省略图例中的小圆、小十字及黑点
2	常绿阔叶乔木	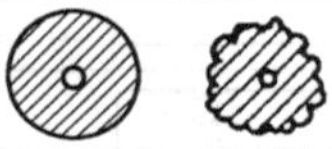	
3	落叶针叶乔木	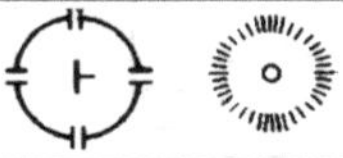	
4	常绿针叶乔木	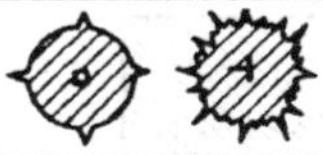	
5	落叶灌木		
6	常绿灌木		
7	阔叶乔木疏林		—
8	针叶乔木疏林		常绿林或落叶林根据图画表现的需要加或不加 45°细斜线
9	阔叶乔木密林		—

续表

序号	名　称	图　例	说　明
10	针叶乔木密林	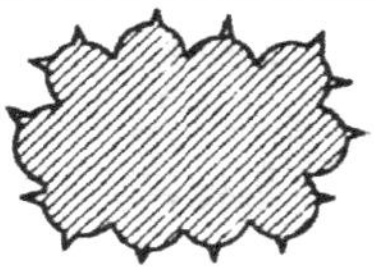	—
11	落叶灌木疏林		—
12	落叶花灌木疏林		—
13	常绿灌木密林	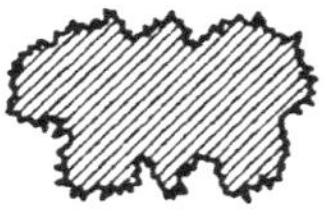	—
14	常绿花灌木密林	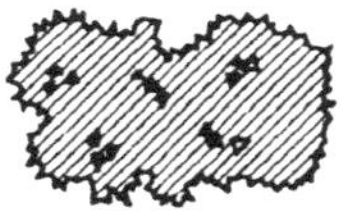	—
15	自然形绿篱		—
16	整形绿篱		—
17	镶边植物		—
18	一、二年生草木花卉	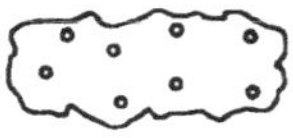	—
19	多年生及宿根草木花卉		—
20	一般草皮	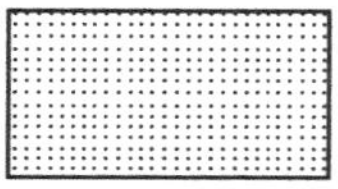	—
21	缀花草皮	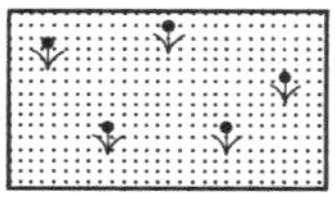	—
22	整形树木		—

续表

序号	名　称	图　例	说　明
23	竹丛	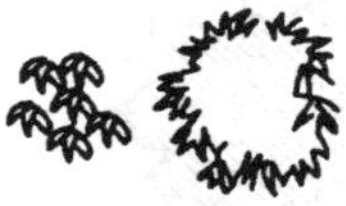	—
24	棕榈植物	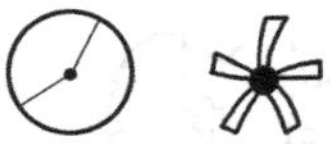	—
25	仙人掌植物		—
26	藤本植物		—
27	水生植物	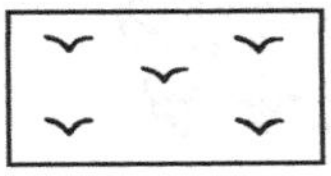	—

2. 树干形态图例

树干形态图例，如表 1-11 所示。

树干形态图例　　表 1-11

序号	名　称	图　例	说　明
1	主轴干侧分枝形		—
2	主轴干无分枝形		—
3	无主轴干多枝形		—
4	无主轴干垂枝形		—

续表

序号	名　　称	图　　例	说　　明
5	无主轴干丛生形		—
6	无主轴干匍匐形		—

3. 树冠形态图例

树冠形态图例，如表 1-12 所示。

树冠形态图例　　表 1-12

序号	名　　称	图　　例	说　　明
1	圆锥形		树冠轮廓线，凡针叶树用锯齿形；凡阔叶树用弧裂形表示
2	椭圆形		—
3	圆球形		—
4	垂枝形		—
5	伞形		—
6	匍匐形		—

1.2.5 园路及地面工程图例

园路及地面工程图例，如表 1-13 所示。

园路及地面工程图例　　表 1-13

序号	名　　称	图　　例	说　　明
1	道路		—
2	铺装路面	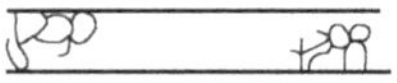	—
3	台阶		箭头指向表示向上
4	铺砌场地	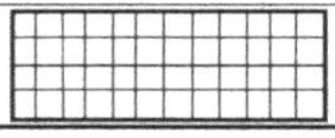	也可依据设计形态表示

1.2.6 驳岸挡土墙工程图例

驳岸挡土墙工程图例，如表 1-14 所示。

驳岸挡土墙工程图例 表 1-14

序号	名称	图例
1	护坡	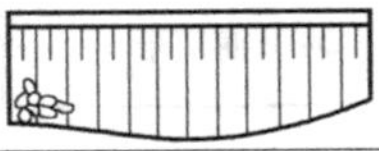
2	挡土墙	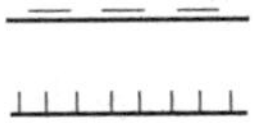
3	驳岸	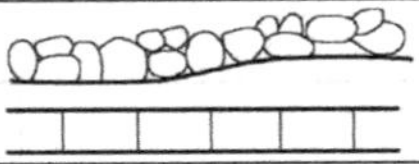
4	台阶	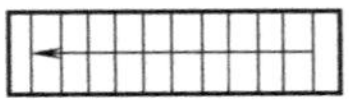
5	排水明沟	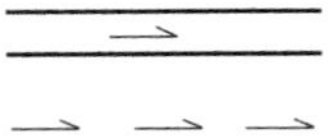
6	有盖的排水沟	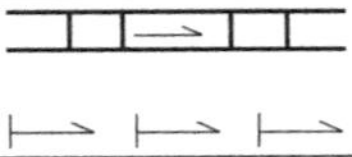
7	天然石材	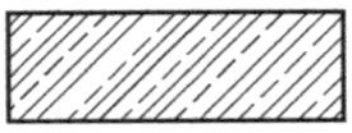
8	毛石	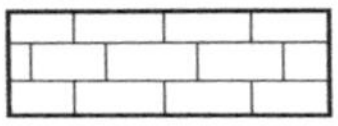
9	普通砖	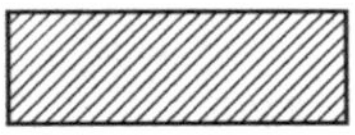
10	耐火砖	
11	空心砖	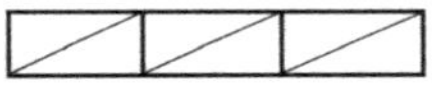
12	饰面砖	
13	混凝土	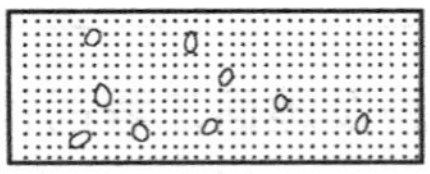
14	钢筋混凝土	
15	焦砟、矿渣	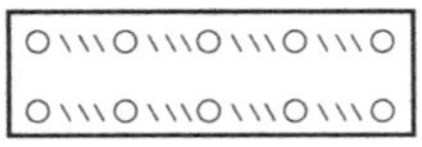
16	金属	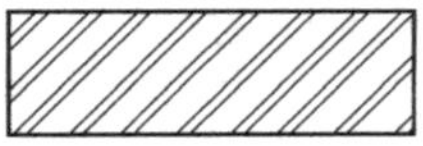
17	松散材料	

续表

序号	名 称	图 例
18	木材	
19	胶合板	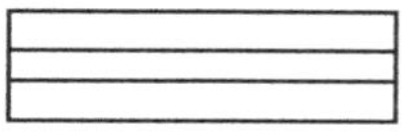
20	石膏板	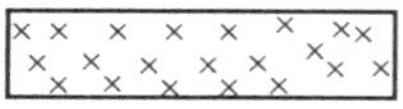
21	多孔材料	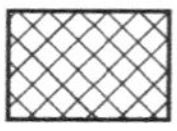
22	玻璃	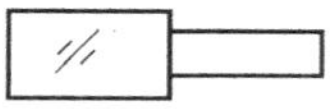
23	纤维材料或人造板	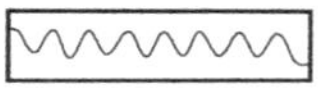

1.2.7 水池、花架及小品工程图例

水池、花架及小品工程图例，如表1-15所示。

水池、花架及小品工程图例 表1-15

序号	名 称	图 例	说 明
1	雕塑	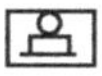	仅表示位置，不表示具体形态，以下同，也可依据设计形态表示
2	花台		
3	坐凳		
4	花架	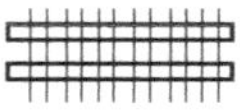	
5	围墙	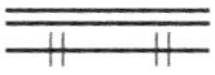	上图为实砌或漏空围墙 下图为栅栏或篱笆围墙
6	栏杆	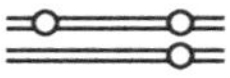	上图为非金属栏杆 下图为金属栏杆
7	园灯		—
8	饮水台		—
9	指示牌		—

1.2.8 喷泉工程图例

喷泉工程图例，如表1-16所示。

喷泉工程图例 表 1-16

序号	名　称	图　例	说　明
1	喷泉		仅表示位置，不表示具体形态
2	阀门(通用)、截止阀	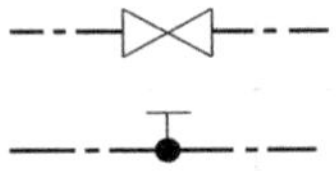	(1)没有说明时，表示螺纹连接；法兰连接时 　焊接时 　(2)轴测图画法：阀杆为垂直 　阀杆为水平 
3	闸阀		
4	手动调节阀	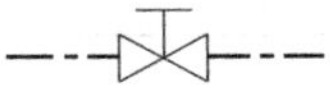	
5	球阀、转心阀		—
6	蝶阀	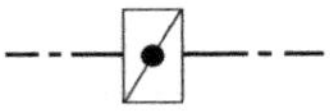	—
7	角阀	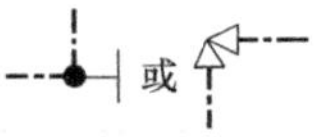 或	—
8	平衡阀		—
9	三通阀	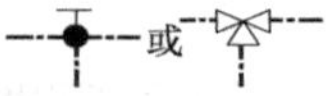 或	—
10	四通阀	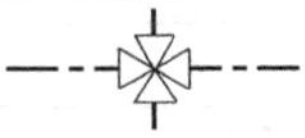	—
11	节流阀	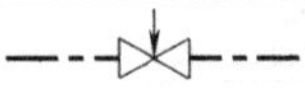	—
12	膨胀阀	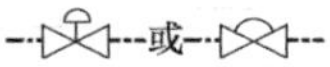 或	也称“隔膜阀”
13	施塞	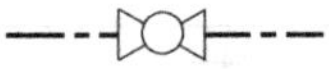	—
14	快放阀		也称“快速排污阀”
15	止回阀		左、中为通用画法，流法均由空白三角形至非空白三角形；中也代表升降式止回阀；右代表旋启式止回阀
16	减压阀	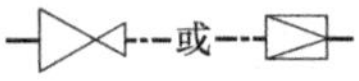 或	左图小三角为高压端，右图右侧为高压端。其余同阀门类推
17	安全阀		左图为通用阀，中图为弹簧安全阀，右图为重锤安全阀
18	疏水阀	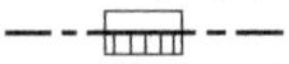	在不致引起误解时，也可用 　表示，也称“疏水器”
19	浮球阀	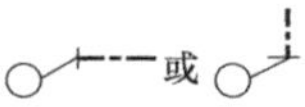 或	—

续表

序号	名 称	图 例	说 明
20	集气罐、排气装置	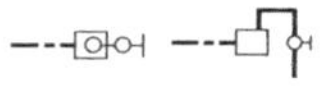	左图为平面图
21	自动排气阀		—
22	除污器(过滤器)	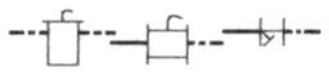	左为立方除污器,中为卧式除污器、右为Y形过滤器
23	节流孔板、减压孔板		在不致引起误解时,也可用 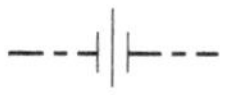 表示
24	补偿器(通用)		也称“伸缩器”
25	矩形补偿器		—
26	套管补偿器	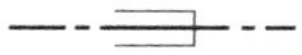	—
27	波纹管补偿器	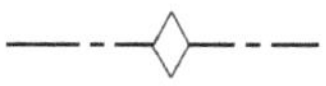	—
28	弧形补偿器		—
29	球形补偿器	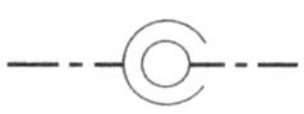	—
30	变径管异径管		左图为同心异径管,右图为偏心异径管
31	活接头	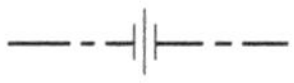	—
32	法兰	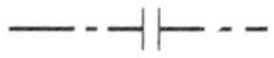	—
33	法兰盖		—
34	丝堵		也可表示为: 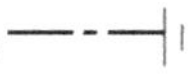
35	可曲挠橡胶软接头		—
36	金属软管		也可表示为: 
37	绝热管		—
38	保护套管	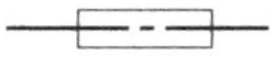	—
39	伴热管	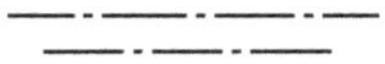	—
40	固定支架		—
41	介质流向	 或 	在管道断开处,流向符号宜标注在管道中心线上,其余可同管径标注位置

续表

序号	名　　称	图　　例	说　　明
42	坡度及坡向	i=0.003 或 i=0.003	坡度数值不宜与管道起、止点标高同时标注。标注位置同管径标注位置
43	套管伸缩器		—
44	方形伸缩器		—
45	刚性防水套管		—
46	柔性防水套管		—
47	波纹管		—
48	可曲挠橡胶接头		—
49	管道固定支架		—
50	管道滑动支架		—
51	立管检查口		—
52	水泵	平面　系统	—
53	潜水泵		—
54	定量泵		—
55	管道泵		—
56	清扫口	平面　系统	—
57	通气帽	成品　铅丝球	—
58	雨水斗	YD- 平面　YD- 系统	—
59	排水漏斗	平面　系统	—
60	圆形地漏		通用。如为无水封，地漏应加存水弯

续表

序号	名　　称	图　　例	说　　明
61	方形地漏		—
62	自动冲洗水箱		—
63	挡数		—
64	减压孔数		—
65	除垢器		—
66	水锤消除器		—
67	浮球液位器		—
68	搅拌器	M	—

2 园林景观工程图识读

2.1 园林景观工程图的组成

2.1.1 园林景观的组成

园林包括庭园、宅园、小游园、公园、花园、植物园及动物园等，随着园林学科的发展，还包括森林公园、广场、街道、风景名胜区、自然保护区或国家公园的游览区及休养胜地。园林，在中国古籍里根据不同的性质也称作园、囿、苑、园亭、庭园、山池、园池、池馆、别业、山庄等，美英各国则称为Garden、Park、Landscape Garden。它们的性质、规模虽然不完全一样，但均具有一个共同的特点：在一定的地域运用工程技术和艺术手段，通过改造地形（或者进一步筑山、叠石、理水）、种植树木花草、营造建筑以及布置园路等途径创作而成的美的自然环境和游憩境域。创造这样一个环境的全过程（包括设计和施工在内），通常称为“造园”，园林工程图纸就是指导人们如何去造园的工程师的语言。

园林景观的基本成分可分成两大类：一类是软质的东西，如树木、花卉、水体等；另一类是硬质的东西，如铺地、墙体、栏杆、景观构筑等。软质的东西称软质景观，一般是自然的；硬质的东西，称为硬质景观，一般是人造的。形形色色的园林大致可以归纳为五大要素，即山水地形、植物、建筑、广场与道路和园林小品。无论任何形式的园林，均由这些要素组成。

1. 山水地形

地形是构成园林的骨架，主要包括平地、丘陵及山峰等类型。地形要素的利用和改造，将影响到园林形式、建筑布局、植物配置、景观效果、给水排水工程、小气候等因素。水体也是地形组成中一个不可或缺的部分。水是园林的灵魂，水体可简单地划分为静水和动水两种类型，静水包括湖、池、塘等形式；动水主要包括河、溪及喷泉等。此外，水声、倒影也是园林水景的重要组成部分。

2. 植物

植物是园林中有生命的构成要素，植物要素包括乔木、灌木、攀缘植物、花卉及草坪等。植物的四季景观，本身的形态、色彩、芳香等均为园林造景的题材。园林植物与地形、水体、建筑及山石等有机配植，可形成优美的环境。

3. 建筑

根据园林的立意、功能、造景等需要，必须考虑建筑及建筑的适当组合，包括考虑建筑的体量、造型、色彩及与其配合的假山艺术、雕塑艺术等要素的安排，并要求精心构思，使园林中的建筑起到画龙点睛的作用。

4. 广场与道路

广场与道路是建筑的有机组织，对于园林形式的形成起着决定性的作用。广场与道路的形式可以是规则的，也可以是自然的，或者是自由曲线流线形的。广场和道路系统构成了园林的脉络，且起着园林中交通组织和导游线的作用。

5. 园林小品

园林小品是园林构成中的主要部分，小品使园林的景观更具表现力。园林小品通常包括园林雕塑、园林山石及园林壁画等内容。

2.1.2 园林景观工程图的内容和用途

为了清晰、准确地表达园林景观设计的内容及意图，并组织各工程的施工，必须绘制出园林景观工程图，通常包括以下各种工程图纸。

1. 园林总体规划设计图

总体规划设计图主要表现规划用地范围内的总体综合设计，是反映组成园林各部分的长宽尺寸和平面关系以及各种造园要素（如地形、水体、山石、建筑及植物等）布局位置的水平投影图，它是反映园林工程总体设计意图的主要图纸，同时也是绘制其他图样、施工放线、土方工程及编制施工规划等的依据。如果想反映出园林的全貌，可以再画一张鸟瞰图。

2. 园林竖向设计图

竖向设计图主要反映规划用地范围内的地形设计情况，山石、水体、道路及建筑的标高，以及它们之间的高度差别，并为土方工程和土方调配以及预算、地形改造的施工提供依据。包括地形图和地形剖面图。

3. 园路、广场施工图

用平面图表达游览路线，用断面图表达道路结构，路面铺设图案可用平面大样图表达。

4. 园林植物种植设计图

园林植物种植设计图主要反映规划用地范围内所设计植物的种类、规格、数量、种植位置、配置方式、种植形式及种植要求，它为绿化种植工程施工提供依据。主要是平面图，对树丛、树群、花坛应当配以透视图。

5. 园林设施工程图

这部分图纸的主要作用是在园林工程建设过程中对施工进行指导，主要包括园林建筑工程图（包括建筑施工图和结构施工图）、水景工程图（包括设施总体布置图和构造物结构图）、假山工程图及园桥工程图等。

2.2 园林景观工程图识读方法

2.2.1 园林总体规划设计图

1. 园林总体规划设计图的内容和用途

园林总体规划设计图主要表现用地范围内园林总的设计意图，它可以反映出组成园林景观各要素的布局位置、平面尺寸以及平面关系。

通常情况下，总体规划设计图所表现的内容如下：

（1）规划用地的现状和范围。

（2）对原有地形、地貌的改造和新的规划。注意在总体规划设计图上出现的等高线都表示设计地形，对原有地形不作表示。

（3）依照比例表示出规划用地范围内各园林组成要素的位置及外轮廓线。

（4）反映出规划用地范围内园林植物的种植位置。在总体规划设计图纸中园林植物只要求分清常绿、乔木、落叶、灌木即可，不要求表示出具体的种类。

（5）绘制图例、比例尺、指北针或风玫瑰图。

（6）注标题栏、会签栏，书写设计说明。

总体规划设计图的用途主要包括以下两点：

（1）总体规划设计图是绘制其他图纸（如植物种植设计图、竖向设计图、效果图）的主要依据。

（2）总体规划设计图是指导施工的主要技术性文件。

2. 园林总体规划设计图的识读

（1）看图名、比例、设计说明、风玫瑰图、指北针。根据图名、设计说明、指北针、比例及风玫瑰图，可以了解总体规划设计图设计的意图和范围、工程性质、工程面积和朝向等基本概况，为进一步了解图纸做好准备。

（2）看等高线和水位线。根据等高线和水位线，可以了解园林的地形和水体布置情况，进而对全园的地形骨架有一个基本印象。

（3）看图例和文字说明。根据图例和文字说明，可以明确新建景物的平面位置，了解总体布局情况。

（4）看坐标或尺寸。根据坐标或尺寸，可以查找施工放线的依据。

图 2-1 为某小游园的总体规划设计图纸。

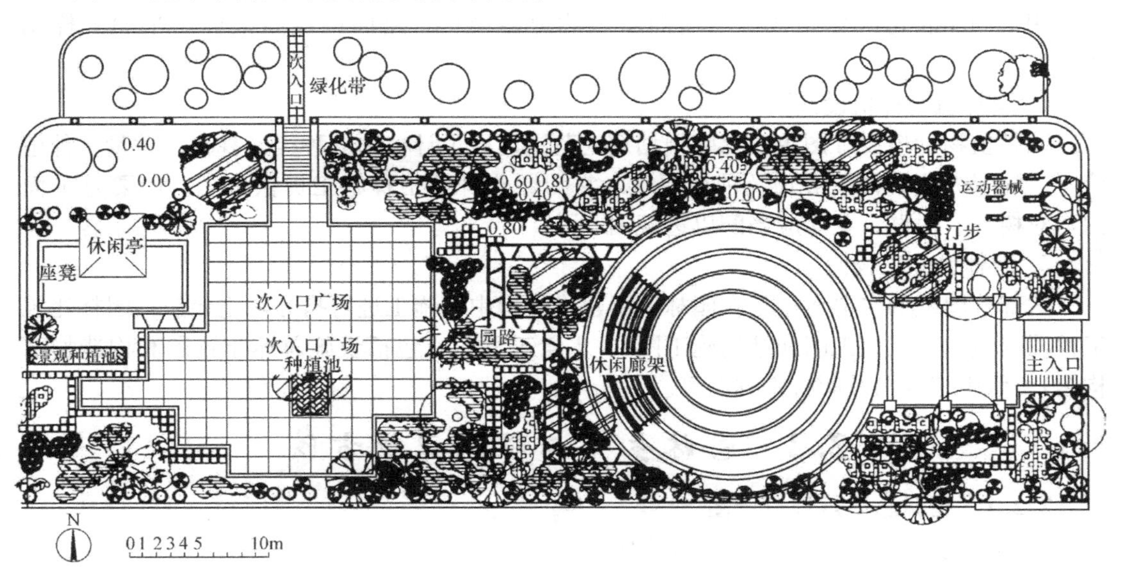

图 2-1　某小游园总体规划设计图

从图 2-1 中首先可以看出，这是一个混合式的游园，设计者总的设计理念是：园子为一个整体下沉的小游园，四周有围墙栏杆围合，东边是主入口，主入口通过台阶坡道下来，然后进入游园主入口广场，再向西是圆形广场与花架，再向西经过一段曲折小路到达次入口广场，次入口广场西北角布置有休闲亭与座凳；广场周边通过堆山，种植乔木、花灌木，营造出一个幽静而舒适的地下花园。此外，这张图纸还表现出了园林各要素的布局位置以及平面关系，还可根据比例尺计算出园中各主要建筑以及园林构成要素的平面尺寸。

2.2.2 园林竖向设计图

1. 园林竖向设计图的内容和用途

竖向设计是指在一块场地中进行垂直于水平方向的布置和处理园林用地的竖向设计，也就是园林中各个景点、各种设施及地貌等在高程上如何创造高低变化及协调统一的设计。

竖向设计是园林总体规划设计的一项重要内容。竖向设计图是表示园林中各个景点、各种设施及地貌等在高程上的高低变化及协调统一的一种图样，主要表现地形、地貌、建筑物、植物及园林道路系统等各种造园要素的高程等内容，比如地形现状及设计高程，建筑物室内控制标高，山石、道路、水体及出入口的设计高程，园路主要转折点、交叉点、变坡点的标高和纵坡坡度及各景点的控制标高等。它是在原有地形基础上所绘制的一种工程技术图样。

竖向设计图是造园工程土方调配预算和地形改造施工的主要依据。它主要从园林的实用功能出发，对园林地形、地貌、绿地、建筑、道路、广场及管线等进行综合竖向设计，统筹安排园内各种景点、设施、地貌以及景观之间的关系，使地上设施和地下设施之间、山水之间、园内与园外之间在高程上有合理的关系，进而创造出技术经济合理、景观优美和谐、富有生机的园林作品。

2. 园林竖向设计图的具体要求

（1）计量单位。标高的标注单位通常为“m”。若有特殊要求，则应当在设计说明中注明。

（2）线形。地形等高线是竖向设计图中比较重要的部分，设计等高线用细实线绘制，原有地形等高线用细虚线绘制，汇水线和分水线则用细单点长画线绘制。

（3）坐标网格及其标注。坐标网格用细实线绘制，施工的需要及图形的复杂程度决定着网格间距，通常采用与施工放线图相同的坐标网体系。对于局部的不规则等高线，可单独做出施工放线图，也可在竖向设计图中局部缩小网格间距，提高放线精度。竖向设计图的标注方法与施工放线图相同，针对地形中最高点、建筑物角点或特殊点标注。

（4）地表排水方向和排水坡度。排水方向应用箭头表示，并在箭头上标注排水坡度。

3. 园林竖向设计图的识读

下面以图 2-2 为例，简单介绍园林竖向设计图的识读步骤。

（1）看图名、比例、指北针、文字说明。了解工程名称、设计内容、所处方位及设计范围。

（2）看等高线的含义。看等高线的分布以及高程标注，了解地形高低变化、水体深度，与原地形对比了解土方工程情况。如图 2-2 所示，此园水池居中，近方形，正常水位为 0.20m，池底平整，标高均为－0.80m。游园的东、西、南部有坡地和土丘，高度为 0.60～2.00m，并以东北角为最高，从高程可见中部挖方量较大，东北角填方量较大。

（3）看建筑、山石和道路高程。如图 2-2 所示，六角亭置于标高为 2.40m 的石山之上，亭内地面标高 2.70m，为全园最高景观。水榭地面标高为 0.30m，拱桥桥面最高点为 0.60m，曲桥标高为±0.000 园内布置假山 3 处，高度为 0.80～3.00m，西南角假山最高。园中道路较平坦，除南部、西部部分路面略高以外，其余均为±0.000。

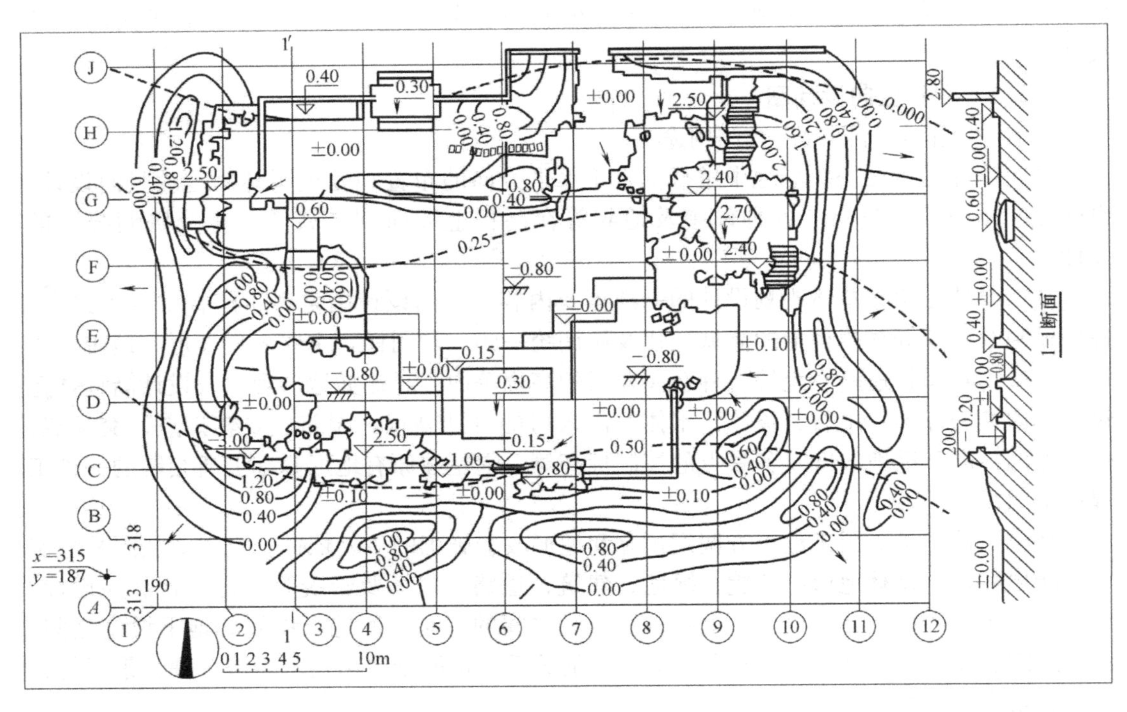

图 2-2　某小游园的竖向设计图

（4）看排水方向。从图 2-2 中可见，此园利用自然坡度排出雨水，大部分雨水流入中部水池，四周流出园外。

（5）看坐标网。坐标网确定施工放线依据。

2.2.3　园路、广场施工图

园路、广场施工图能够清楚地反映园林路网和广场布局，它是指导园林道路施工的技术性图纸。

1. 园路、广场施工图的内容

一份完整的园路、广场施工图包括下述几点：

（1）图案、尺寸、材料、规格、拼接方式。

（2）铺装剖切段面。

（3）铺装材料特殊说明。

2. 园路、广场施工图的作用

园路、广场施工图的作用主要有下述几点：

（1）购买材料。

（2）施工工艺、工期确定、工程施工进度。

（3）计算工程量。

（4）如何绘制施工图。

（5）了解本设计所使用的材料、尺寸、规格、工艺技术及特殊要求等。

3. 园路、广场施工图的绘制要求及识读要点

（1）绘制要求。园路平面图采用细实线绘制，可以只绘出道路两侧边线，表明道路平

面位置和宽度，清楚表达道路的平交路口和转弯半径。

路面结构图主要包括园路及广场铺装路面结构各层的材料及厚度，道路边缘立道牙及平道牙安装结构及构造尺寸，各结构层图例采用《道路工程制图标准》(GB 50162—1992)制定的图例，园路铺装施工图中，结构层采用粗实线，平、立道牙采用粗实线，原有地面线、引出线采用细实线绘制。

（2）识读要点

1）看图名、比例。

2）看道路宽度，广场外轮廓具体尺寸，放线基准点和基准线坐标。

3）看广场中心部位和四周标高，回转中心标高和高处标高。

4）看园路、广场的铺装情况，包括：根据不同功能所确定的结构、材料、形状（线形)、大小、花纹、色彩、铺装形式、相对位置、做法处理及要求。

5）看排水方向和雨水口位置。

4. 园路、广场施工图案例

（1）圆形广场施工图。某小游园圆形广场施工图如图 2-3①、②所示。

（2）入口广场施工图。某小游园主入口广场施工图如图 2-3③、④所示。

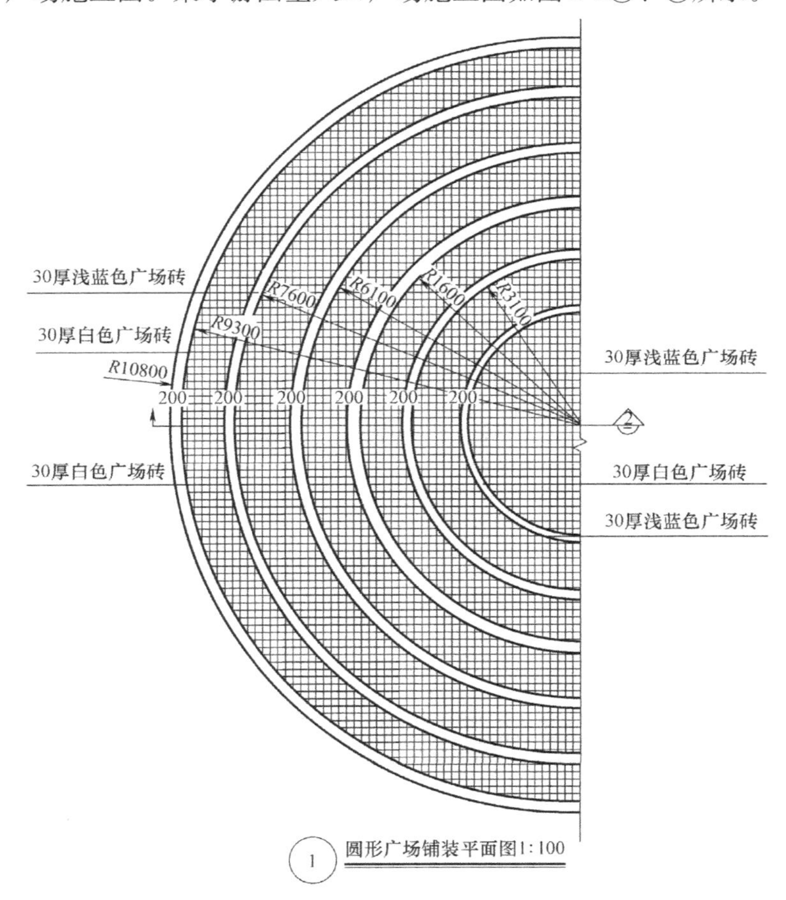

图 2-3　某小游园圆形广场和主入口广场施工图

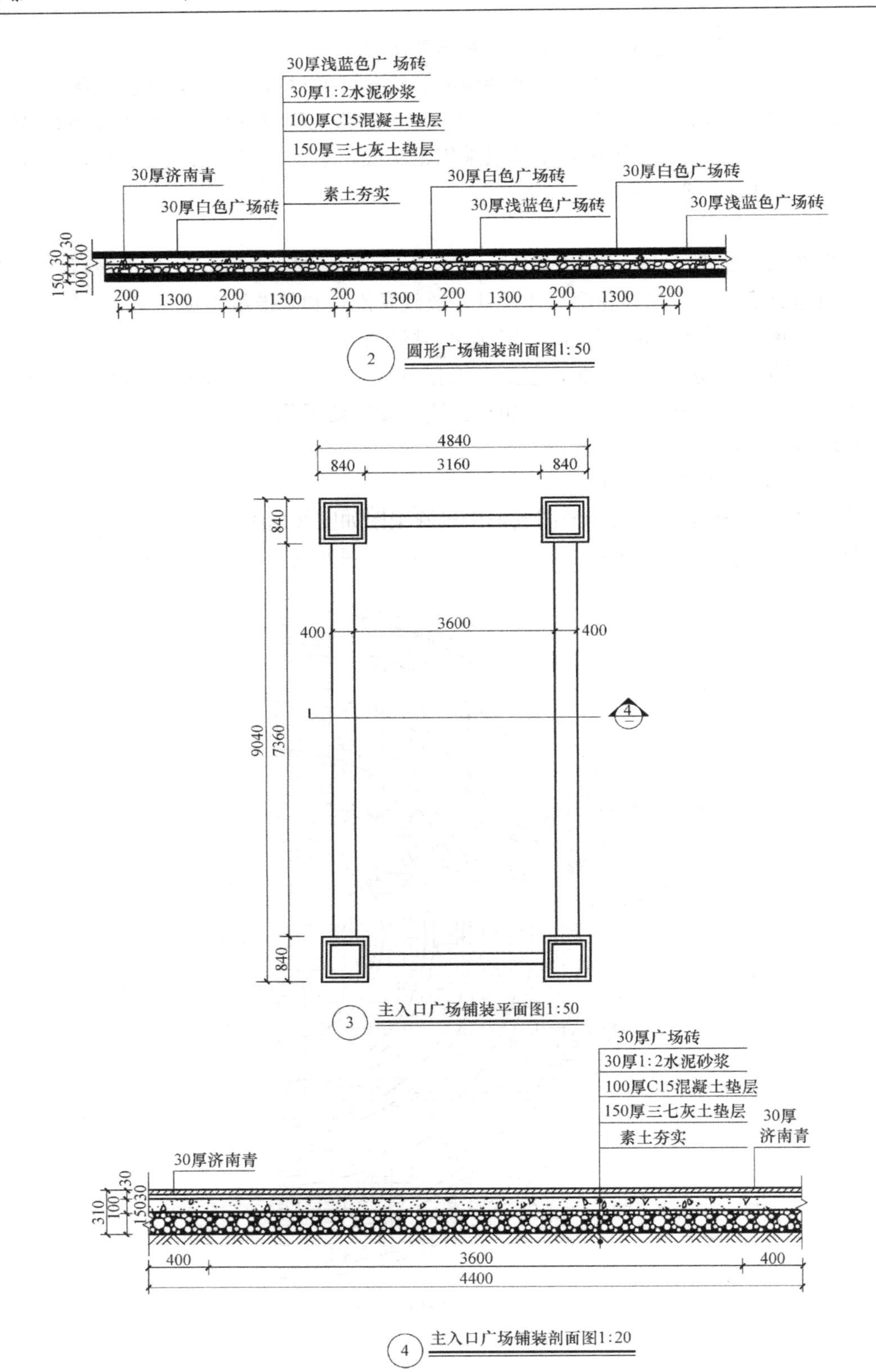

图 2-3　某小游园圆形广场和主入口广场施工图（续）

（3）碎拼铺装施工图。某小游园碎拼铺装施工图如图 2-4①所示。

（4）路牙石施工图。某小游园路牙石施工图如图 2-4②、③所示。

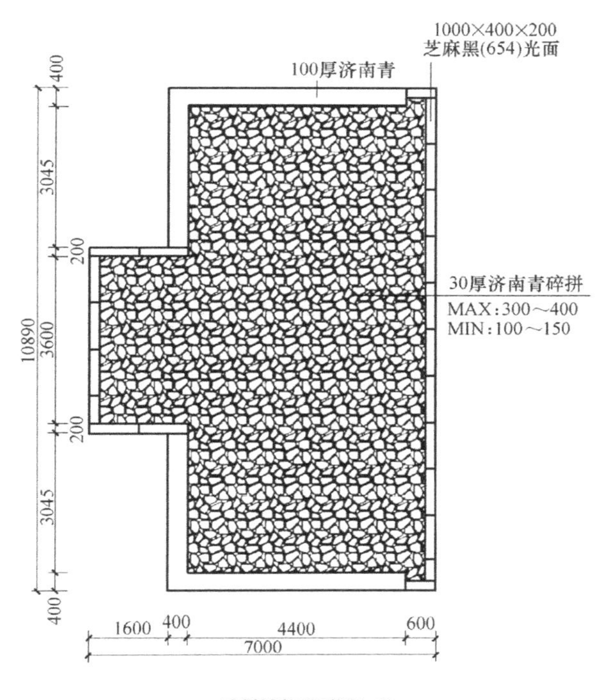

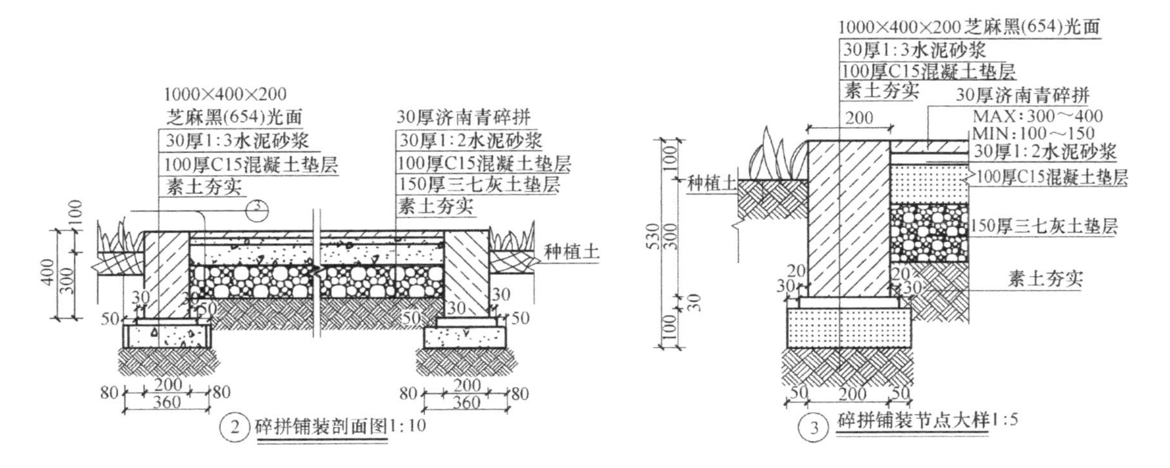

图 2-4 某小游园台阶下 T 形碎拼铺装施工图

（5）园路铺装施工图。某小游园园路铺装施工图如图 2-5①、②所示。

（6）汀步铺装施工图。某小游园汀步铺装施工图如图 2-5③、④所示。

（7）台阶施工图。某小游园台阶施工图如图 2-6①、②、③所示。

（8）坡道施工图。某小游园坡道施工图如图 2-6④所示。

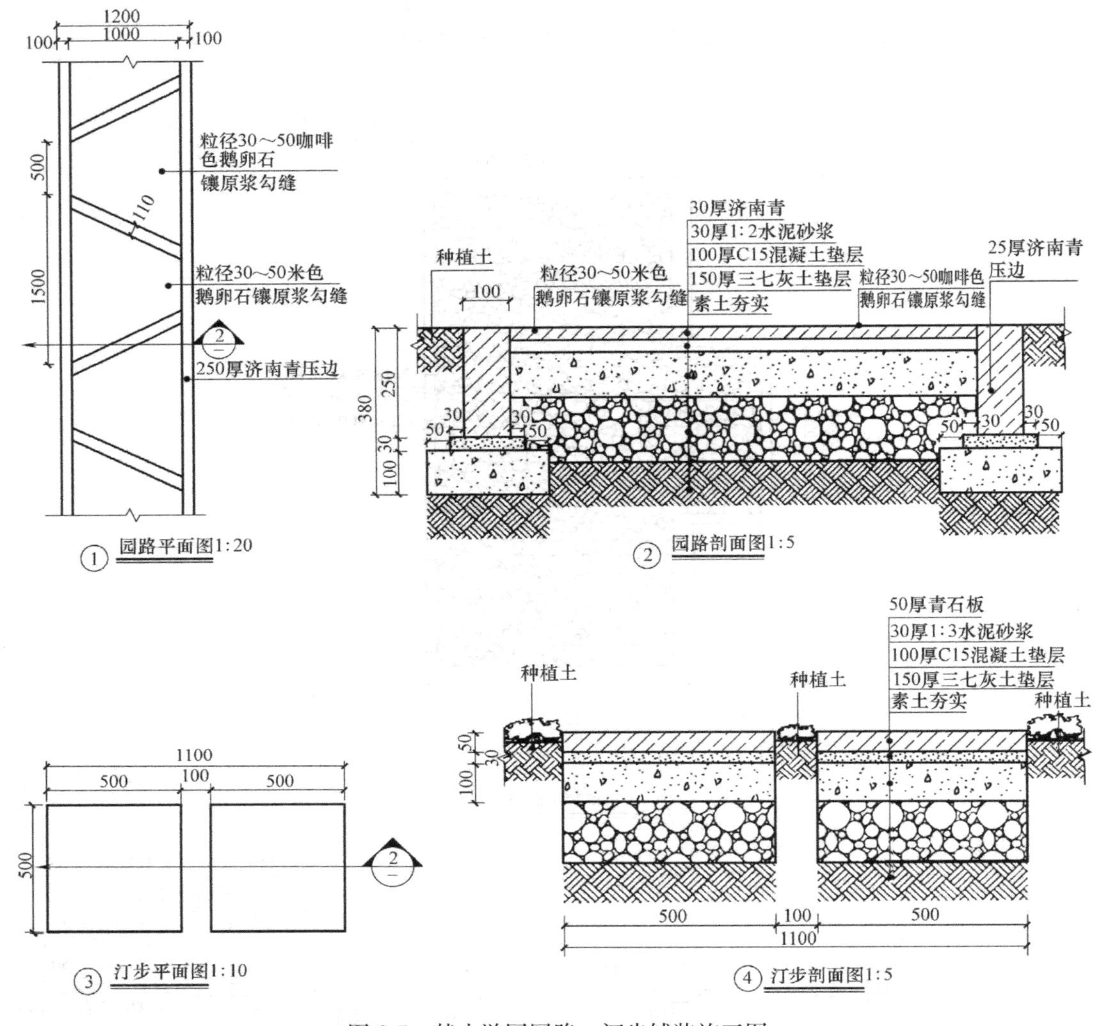

图 2-5　某小游园园路、汀步铺装施工图

2.2.4　园林植物种植设计图

园林植物种植设计图是表示设计植物的种类、规格、数量、种植位置及类型和要求的平面图样。

1. 园林植物种植设计图的要求

（1）图例及尺寸标注

1）行列式栽植。行列式的种植形式（如行道树、树阵等）可以用尺寸标注出株行距、始末树种植点与参照物的距离。

2）自然式栽植。自然式的种植形式（例如孤植树）可以用坐标标注种植点的位置或用三角形标注法标注。孤植树往往对植物造型及规格的要求比较严格，应当在施工图中表达清楚，除利用立面图、剖面图表示之外，还可以与苗木统计表相结合，用文字来加以标注。

3）片植、丛植。植物种植设计图应绘出清晰的种植范围边界线，标明植物名称、规

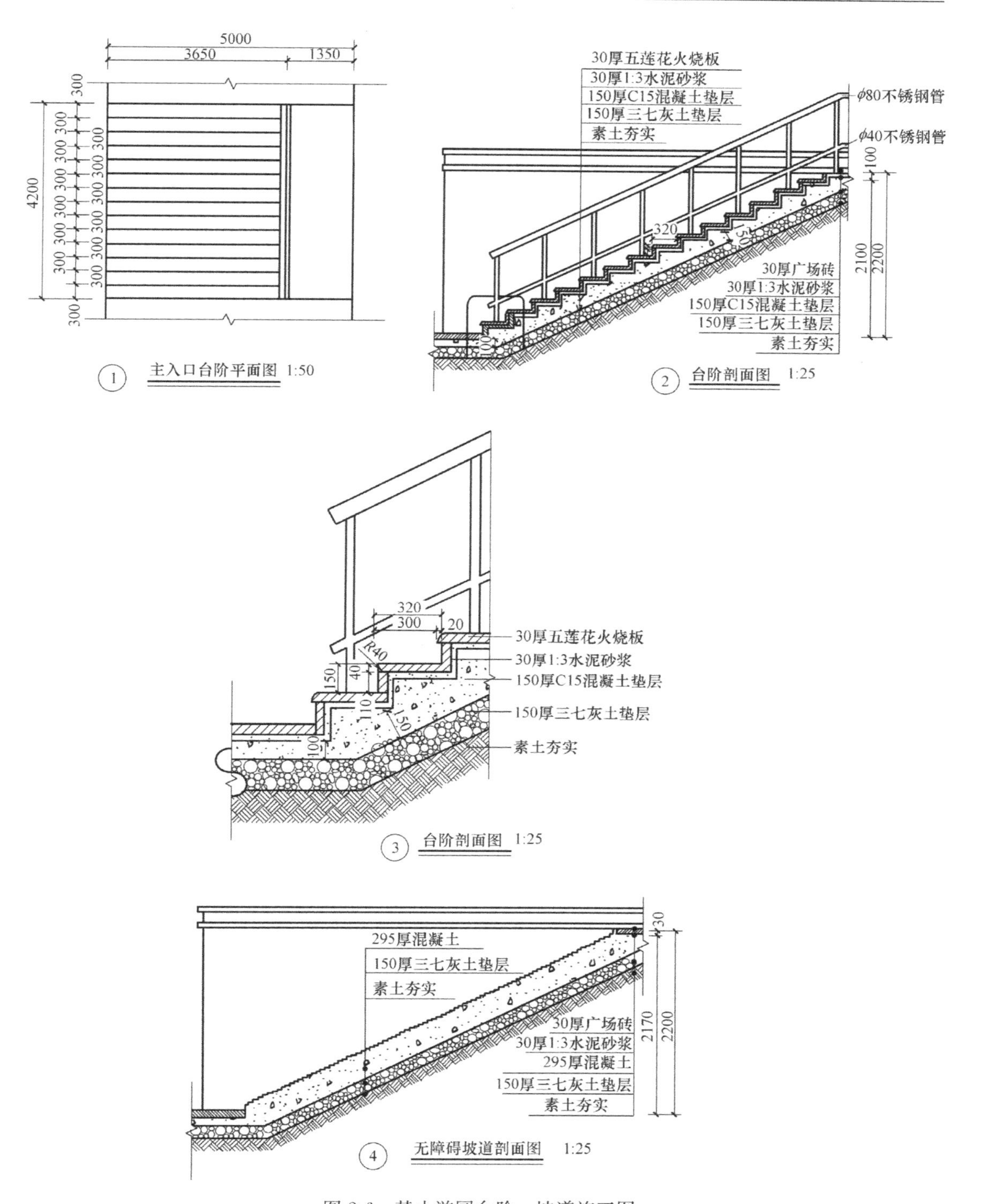

图 2-6　某小游园台阶、坡道施工图

格和密度等。边缘呈规则的几何形状的片状种植可以用尺寸标注方法标注，以便为施工放线提供依据；而边缘线呈不规则的自由线的片状种植应当绘制坐标网格，并结合文字标注。

4）草皮种植。草皮是用打点的方法表示，标注应当标明其草坪名、规格及种植面积。

（2）注意事项

1）植物的规格在图中为冠幅，根据说明确定。

2）借助网格定出种植点位置。

3）图中应当写清植物数量。

4）对于景观要求细致的种植局部，施工图应当有表达植物高低关系、植物造型形式的立面图、剖面图及参考图或是通过文字说明与标注。

5）对于种植层次较为复杂的区域，应当绘制分层种植图，即分别绘制上层乔木和中下层灌木地被等的种植施工图。

2. 园林植物种植设计图的识读

识读园林植物种植设计图主要用以了解种植设计的意图、绿化目的及所达效果，明确种植要求，以便组织施工和做出工程的预算，读图步骤如下：

（1）看标题栏、比例、指北针（或风玫瑰图）及设计说明。根据标题栏、比例、指北针（或风玫瑰图）及设计说明，了解工程名称、性质、所处方位（及主导风向），明确工程的目的、设计范围和意图，了解绿化施工后应当达到的效果。

（2）看植物图例、编号、苗木统计表及文字说明。根据图纸中各植物的编号，再对照苗木统计表及技术说明，了解植物的种类、规格、名称、数量等，核对或编制种植工程预算。

（3）看图纸中植物种植位置及配置方式。根据植物种植位置及配置方式，分析种植设计方案是否合理。了解植物栽植位置与建筑及构筑物和市政管线之间的距离是否符合有关设计规范规定等技术要求。

（4）看植物的种植规格和定位尺寸。根据植物的种植规格和定位尺寸，明确定点放线的基准。

（5）看植物种植详图。根据植物种植详图，明确具体种植要求，进而合理地组织种植施工。

3. 园林植物种植设计图识读实例

某小游园种植设计图如图 2-7 所示，表 2-1 为图 2-7 所附苗木统计表。

某小游园种植设计苗木统计表 　　**表 2-1**

编号	植物名称	规格	数量	编号	植物名称	规格	数量
1	樱花	2.5m 高	31 株	16	圆柏	3.1m 高	11 株
2	香樟	干径约 100mm	26 株	17	七叶树	3.5m 高	7 株
3	雪松	4.0m 高	27 株	18	含笑	1.0m 高大苗	4 株
4	水杉	2.5m 高	58 株	19	铺地柏	—	41 株
5	广玉兰	3.0m 高	26 株	20	凤尾兰	—	50 株
6	晚樱	2.5m 高	11 株	21	毛鹃	30cm 高	250 株
7	柳杉	2.5m 高	12 株	22	杜鹃	—	130 株
8	榉树	3.9m 高	12 株	23	迎春	—	85 株
9	白玉兰	2.0m 高	5 株	24	金丝桃	—	80 株
10	银杏	干径大于 80mm	10 株	25	蜡梅	—	8 株
11	红枫	2.0m 高	7 株	26	金钟花	—	20 株
12	鹅掌楸	3.5m 高	31 株	27	麻叶绣球	—	30 株
13	桂花	2.0m 高	15 株	28	大叶黄杨	60cm 高	120 株
14	鸡爪槭	2.5m 高	6 株	29	龙柏	3m 以上	16 株
15	国槐	3.0m 高	10 株	30	草坪	—	2514m^2

如图 2-7 所示，小游园北部以樱花、雪松、鸡爪槭、晚樱、香樟、柳杉等针叶、阔叶乔木为主，配以金钟花、龙柏等灌木，结合地形的变化采用自然式种植；南部规则式栽植了鹅掌楸、香樟、广玉兰等乔木，配合栽植铺地柏、迎春等灌木，绿地地被为草坪覆盖。

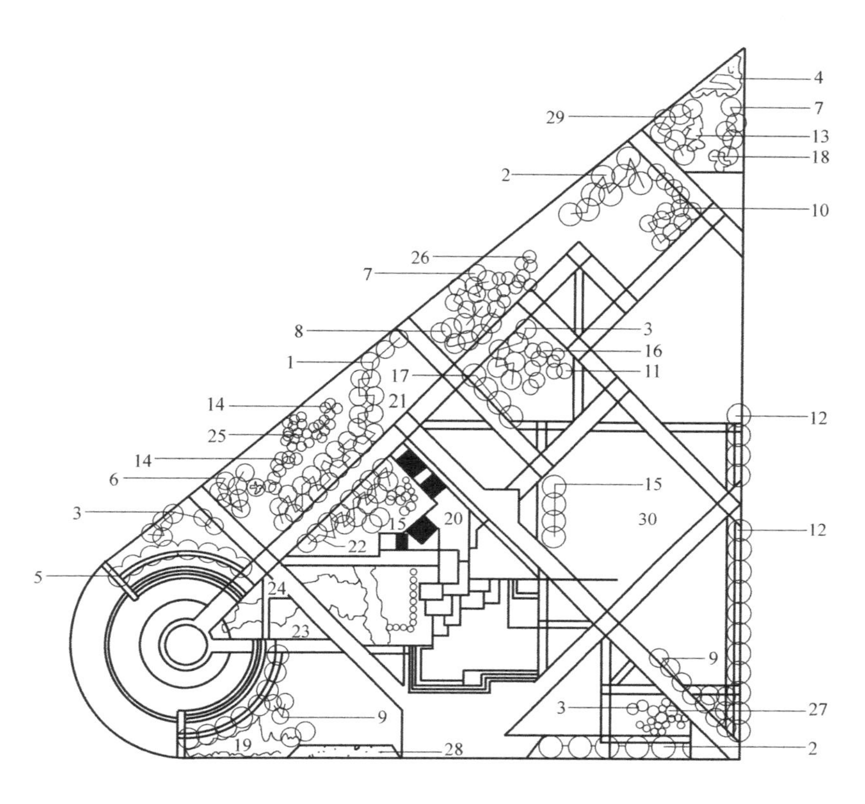

图 2-7 某小游园种植设计图

2.2.5 园林设施工程图

1. 园林建筑工程图

（1）园林建筑平面图的识读。园林建筑平面图的识读方法和步骤如下：

1）了解图名、层次、比例、纵横定位轴线及其编号。

2）明确图示图例、符号、线形和尺寸的意义。

3）了解图示建筑物的平面布置。例如房间的布置、分隔，墙、柱的断面形状及大小，楼梯的梯段走向及级数等，门窗布置、型号及数量，房间其他固定设备的布置，在底层平面图中表示的室外台阶、散水坡、明沟、踏步、雨水管等的布置。

4）了解平面图中的各部分尺寸和标高。通过外、内各道尺寸标注，了解总尺寸、轴线间尺寸，开间、进深、门窗及室内设备的大小尺寸和定位尺寸，并由标注出的标高了解楼、地面的相对标高。

5）了解建筑物的朝向。

6）了解建筑物的结构形式及主要建筑材料。

7）了解剖面图的剖切位置及其编号、详图索引符号及编号。

8）了解室内装饰的做法、要求及材料。

9）了解屋面的设施和建筑构造情况，屋面排水系统应当与屋面做法和墙身剖面的檐口部分对照识读。

（2）园林建筑立面图的识读。园林建筑立面图的识读方法和步骤如下：

1）了解图名、比例及定位轴线编号。

2）了解建筑物整个外貌形状，了解房屋门窗、台阶、窗台、雨篷、阳台、花池、勒脚、檐口及落水管等细部形式和位置。

3）从图中标注的标高，了解建筑物的总高度以及其他细部标高。

4）从图中的图例、文字说明或列表，了解建筑物外墙面装修的材料和做法。

（3）园林建筑剖面图的识读。园林建筑剖面图的识读方法和步骤如下：

1）将图名、定位轴线编号与平面图上部切线及其编号与定位轴线编号相对照，确定剖面图的剖切位置及投影方向。

2）根据图示建筑物的结构形式及构造内容，了解建筑物的构造及组合，例如建筑物各部分的位置、组成、构造、用料和做法等情况。

3）根据图中标注的标高及尺寸，了解建筑物的垂直尺寸和标高情况。

总之，通过对园林建筑平、立、剖面图的学习，在识读园林建筑施工图时应当三个图结合阅读，这样才能够更好地理解图纸的意图。图 2-8 所示为某小游园木质长廊的施工图，通过综合识读，可以看出长廊架设在一条人造溪流之上，岸边布置座凳，可以根据平面图进行施工、放线和现场浇筑。

2. 水景工程图

（1）水景工程图的内容。水景工程图主要包括总体布置图及构筑物结构图。

1）总体布置图。总体布置图主要表示整体水景工程各构筑物在平面和立面的布置情况。总体布置图以平面布置图为主，必要时配置立面图。平面布置图通常画在地形图上。为了使图形主次分明，结构上的次要轮廓线和细节部分构造均省略不画，用图例或示意图表示这些构造的位置和作用。图中通常只注写构筑物的外轮廓尺寸和主要定位尺寸、主要部位的高程和填挖方坡度。总体布置图的绘制比例通常为 1：200～1：500。总体布置图的内容如下：

① 工程设施所在地区的地形现状、河流及流向、水面、地理方位（指北针）等。

② 各工程构筑物的相互位置、主要外形尺寸及主要高程。

③ 工程构筑物和地面的交线，填、挖方的边坡线。

2）构筑物结构图。结构图是以水景工程中某一构筑物为对象的工程图，包括结构布置图、分部和细部构造图以及钢筋混凝土结构图。构筑物结构图必须将构筑物的结构形状、尺寸大小、材料、内部配筋及相邻结构的连接方式等都表达清楚。结构图包括平、立、剖面图，详图和配筋图，绘图比例通常为 1：5～1：100。构筑物结构图的内容如下：

① 表明工程构筑物的结构布置、形状、尺寸及材料。

② 表明构筑物各分部和细部构造、尺寸及材料。

③ 表明钢筋混凝土结构的配筋情况。

④ 工程地质情况及构筑物与地基的连接方式。

⑤ 相邻构筑物之间的连接方式。

⑥ 附属设备的安装位置。

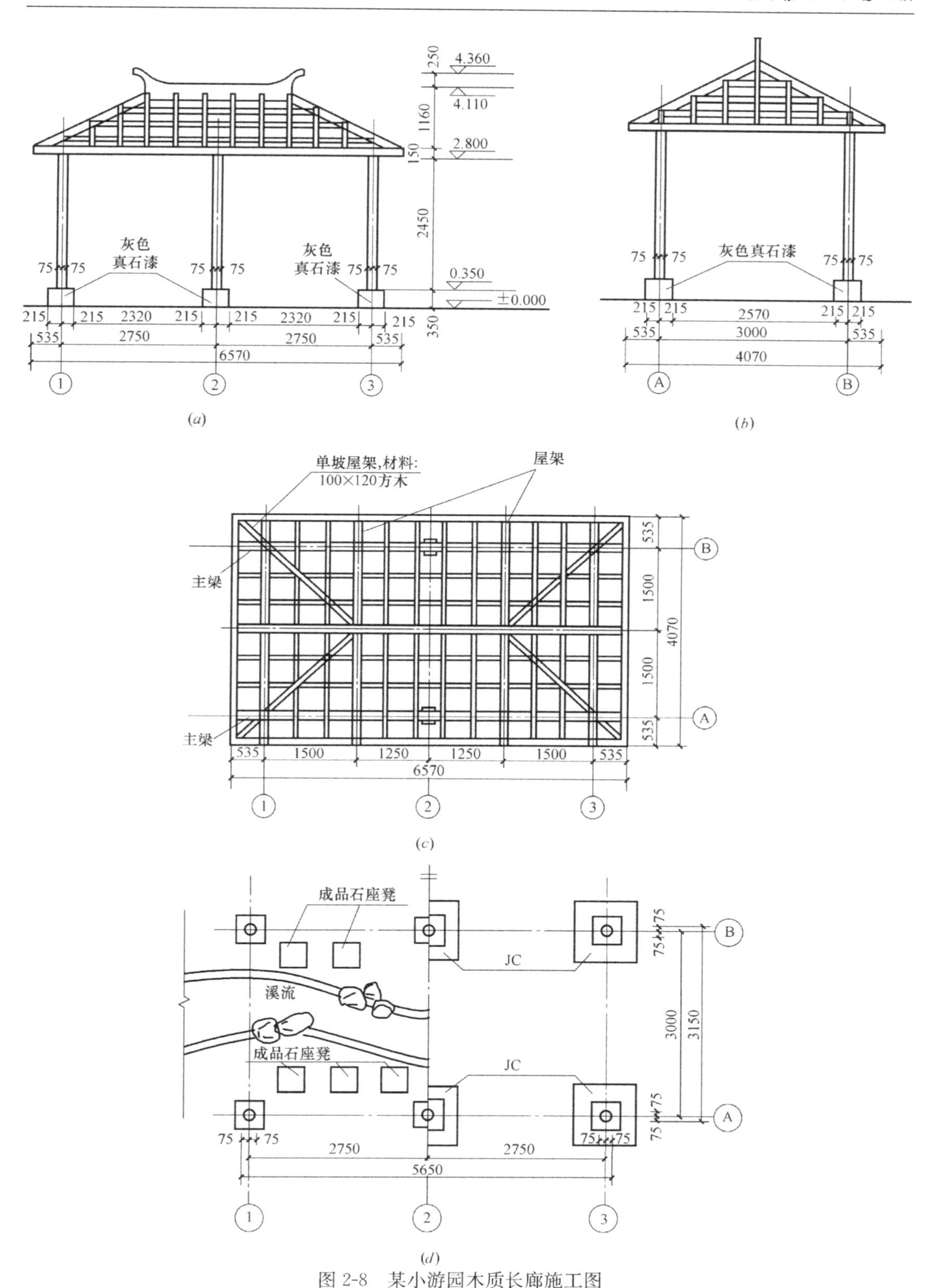

图 2-8　某小游园木质长廊施工图

（a）木质长廊正立面图；（b）木质长廊侧立面图；（c）木质长廊顶平面图；（d）木质长廊平面图

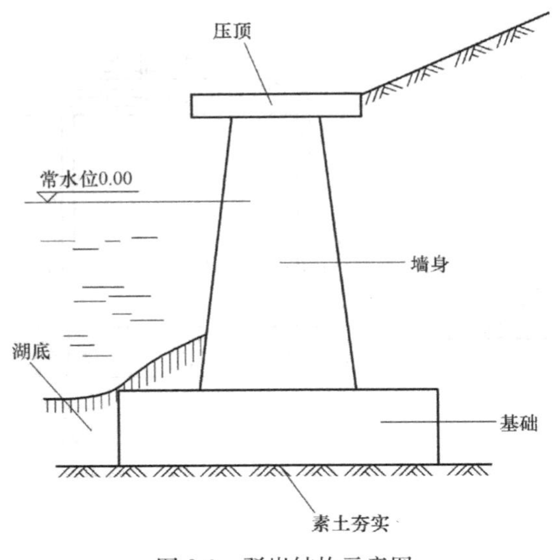

图 2-9　驳岸结构示意图

⑦ 构筑物的工作条件，例如常水位及最高水位等。

(2) 水景工程图的识读。

1) 驳岸水景工程图。驳岸一般由基础、墙身和压顶三部分组成，如图 2-9 所示。砌石类驳岸是在天然的地基上直接砌筑的驳岸，埋设深度不大，但是基址坚实、稳定，是水景驳岸处理中最为常用的形式，其常见的砌石类驳岸结构图如图 2-10所示。驳岸按照造型形式，分为规则式驳岸、自然式驳岸及混合式驳岸。

① 规则式驳岸多属于永久性的，要求较好的砌筑材料及较高的施工技术，其特点是简洁、规整，但缺乏变化，如图 2-11 (*a*)、(*b*) 所示。

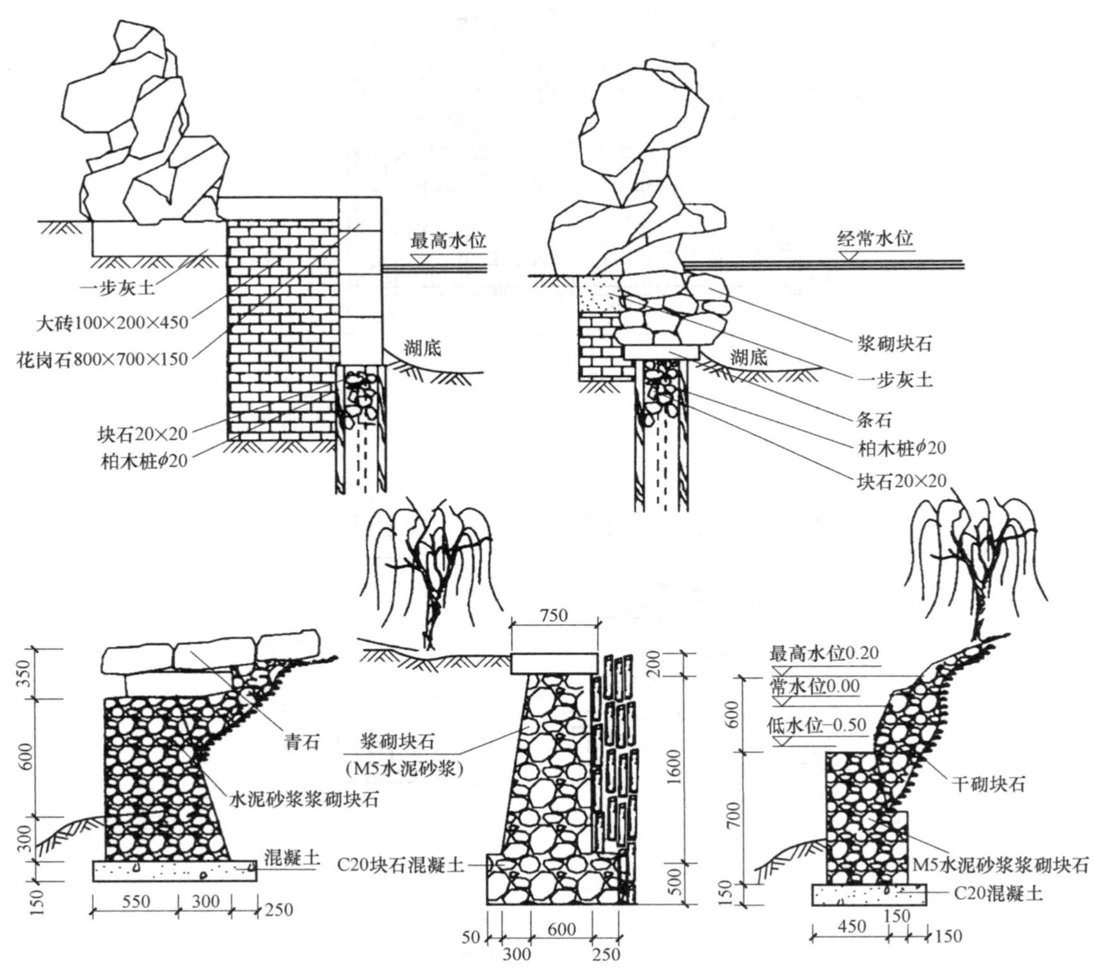

图 2-10　常见砌石类驳岸结构图

② 自然式驳岸外观无固定的形状或规则的岸坡处理，其景观效果好。

③ 混合式驳岸是自然式与规则式的结合，这种驳岸易于施工，同时具有一定的装饰性，适用于地形许可且具备一定装饰要求的湖岸，如图 2-11（c）所示。

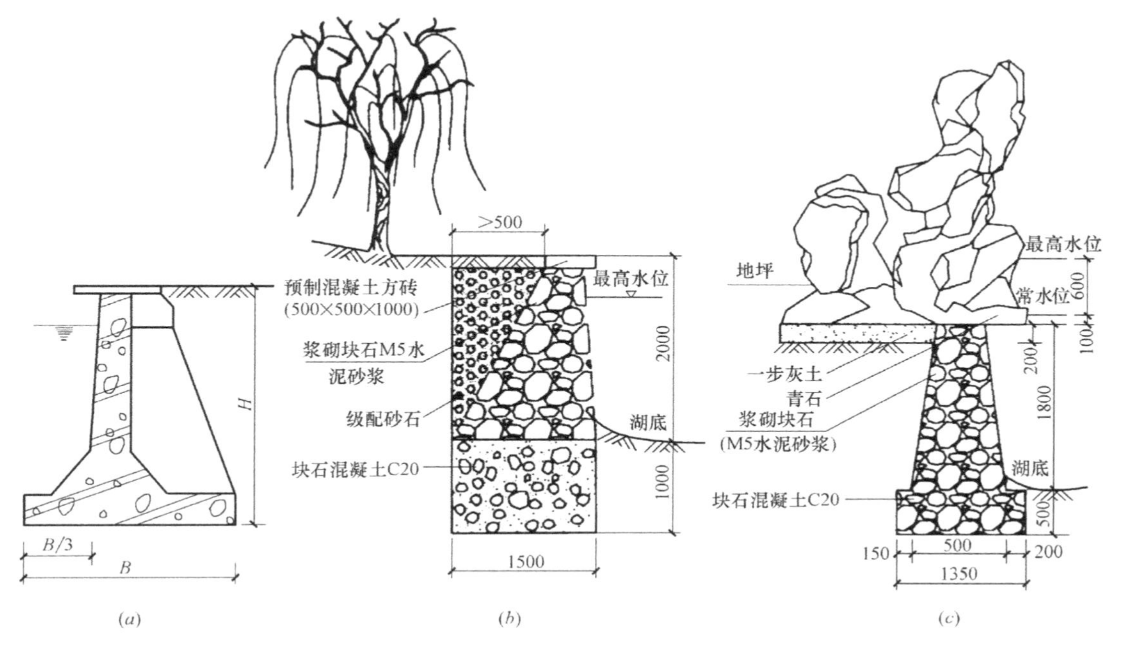

图 2-11 驳岸造型示意图

（a）扶壁式；（b）浆砌块石（一）；（c）浆砌块石（二）

2）喷水池水景工程图。园林中的喷水池分为规则式和自然式两种。水池由基础、防水层、池底、池壁和压顶等部分组成，如图 2-12 所示。喷水池的基础是水池的承重部分，由灰土和混凝土组成。喷水池的防水材料种类较多，常见的包括沥青类、塑料类和橡胶类等。池底直接承受水的竖向压力，要求坚固耐久，多用钢筋混凝土池底，通常厚度大于 20cm。如果水池容量大，要配双层钢筋网，如图 2-13 所示。池壁是水池的竖向部分，承受池水的水平压力。池壁通常有砖砌池壁、块石池壁和钢筋混凝土池壁三种，如图 2-14 所示。压顶属于池壁的最上部分，其作用为保护池壁，防止污水泥沙流入池中，同时也防止池水溅出。完整的喷水池还必须设有供水管、补给水管、泄水管和溢水管以及沉泥池。

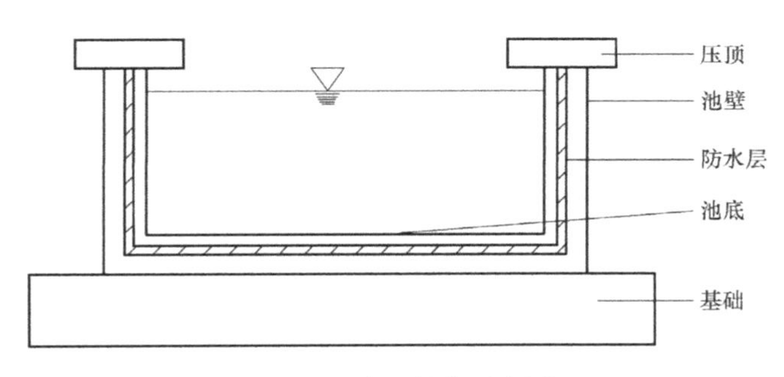

图 2-12 水池结构示意图

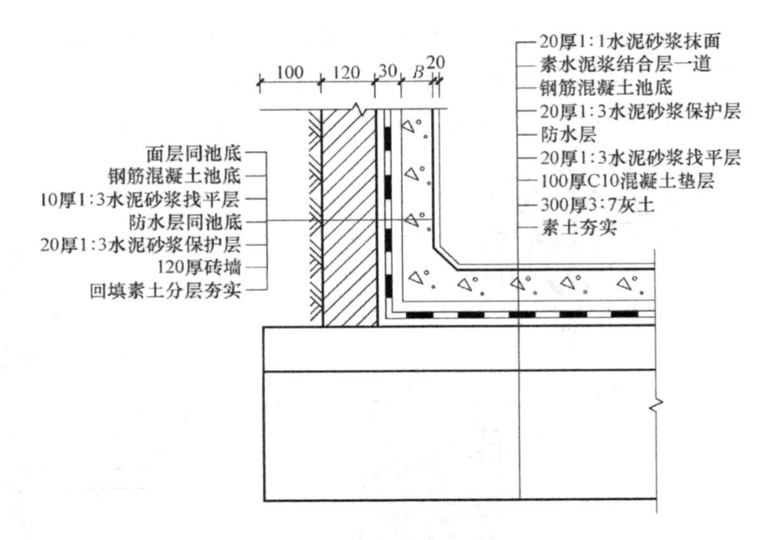

图 2-13 池底构造

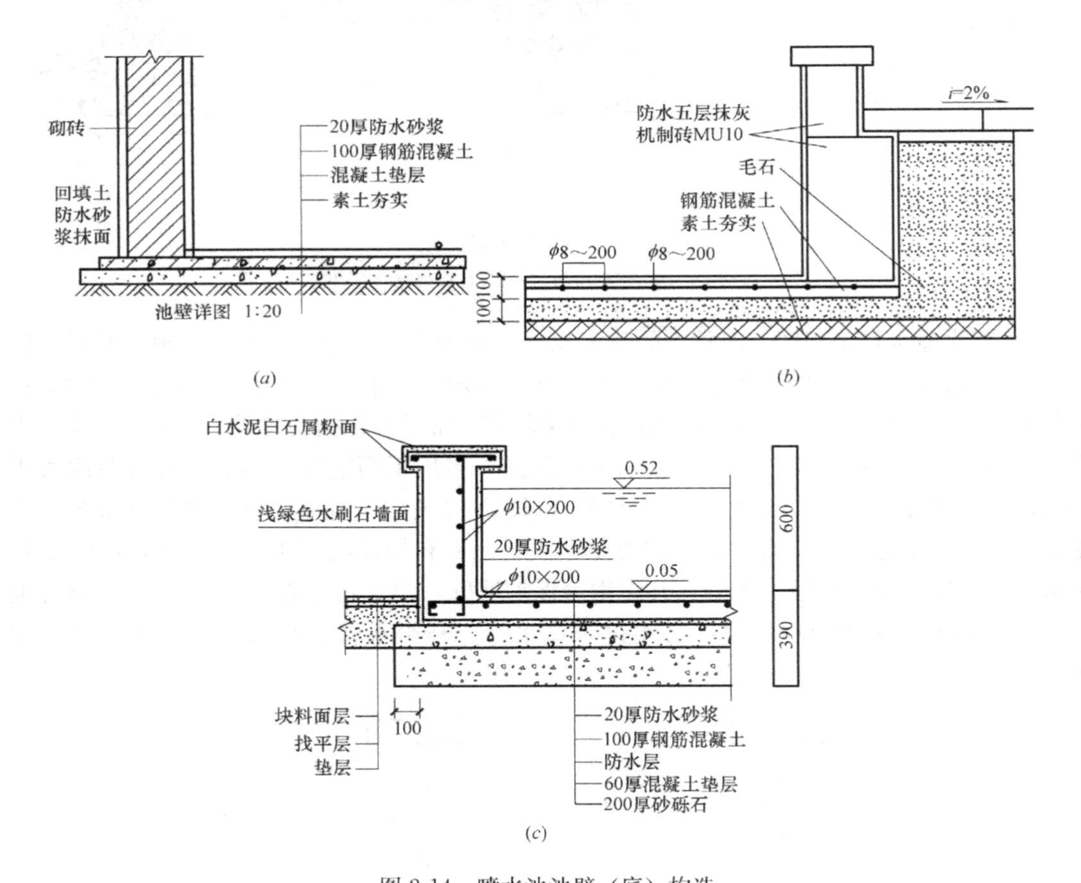

图 2-14 喷水池池壁（底）构造

(*a*) 砖砌喷水池结构；(*b*) 块石喷水池结构；(*c*) 钢筋混凝土喷水池结构

3. 假山工程图

(1) 假山工程图的内容。如图 2-15 所示，假山工程图包括立面图、平面图、剖（断）

面图以及基础平面图，对于要求较高的细部，还应当绘制详图说明。

1）平面图表示假山的平面布置、各部的平面形状、周围地形和假山在总平面图中的位置。

2）立面图表现山体的立面造型及主要部位高度，与平面图配合，可以反映出峰、峦、洞、壑的相互位置。为了完整表现山体的各面形态，便于施工，通常应当绘出前、后、左、右四个方向的立面图。

3）剖面图表示假山某处的内部构造以及结构形式、断面形状、材料、做法和施工要求。

4）基础平面图表示基础的平面位置及形状。基础剖面图表示基础的构造和做法，当基础结构简单时，可以同假山剖面图绘在一起或用文字说明。

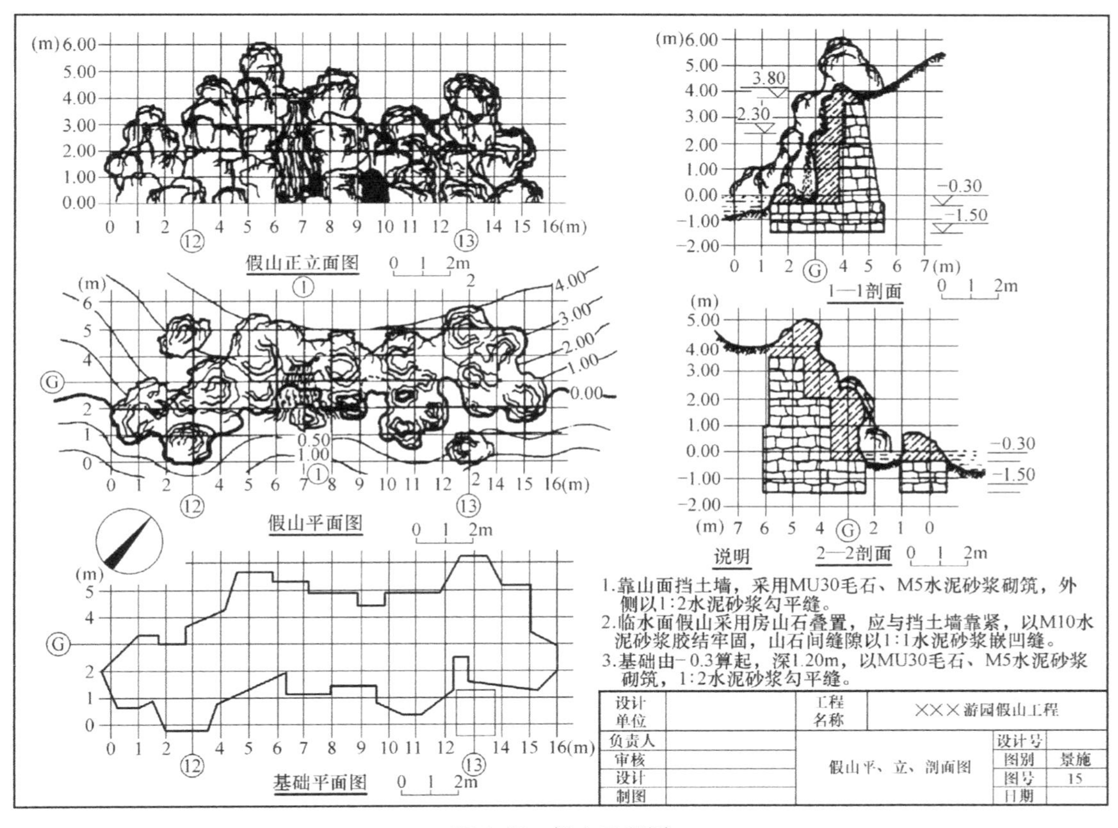

图 2-15 假山工程图

（2）假山工程图的识读。以图 2-15 为例，假山工程图的识读步骤如下：

1）看标题栏及说明。从标题栏及说明中了解工程名称、材料及技术要求。本例为驳岸式假山工程。

2）看平面图。从平面图中了解比例、方位、轴线编号，明确假山在总平面图当中的位置、平面形状和大小及其周围地形等。图 2-15 中，此山体处于横向轴线⑫、⑬与纵向轴线Ⓖ的相交处，长约 16m，宽约 6m，呈狭长形，中部设有瀑布及洞穴，前后散置山石。

3）看立面图。从立面图中了解山体各部的立面形状及其高度，结合平面图辨析其前后层次以及布局特点。由图 2-15 可知，假山主峰位于中部偏左，高为 6m，位于主峰右侧高 4m 处设有二迭瀑布，瀑布右侧置有洞穴及谷壑。

4）看剖面图。对照平面图的剖切位置、轴线编号，了解断面形状、结构形式、材料、做法以及各部高度。由图 2-15 可以得知，1—1 剖面是过瀑布剖切的，假山山体由毛石挡土墙和仿山石叠置而成，挡土墙背靠土山，山石假山面临水体，两级瀑布跌水标高分别为 3.80m 和 2.30m。2—2 剖面取自较宽的⑬轴附近，谷壑前散置山石，增加了前后层次。

5）看基础平面图和基础剖面图。了解基础平面形状、大小、结构、材料、做法等。因本例基础结构简单，基础剖面图绘在假山剖面图中，毛石基础底部标高是－1.50m，顶部标高是－0.30m。

3 园林景观工程预算基础

3.1 园林景观工程预算概述

3.1.1 园林景观工程预算的一般概念及方法

园林景观工程预算是指在工程建设过程中，根据不同设计阶段设计文件的具体内容和有关定额、指标及取费标准，预先计算和确定建设项目全部工程费用的技术经济文件。

简而言之：是指对园林建设项目所需人工、材料、机械等费用预先计算和确定的技术经济文件。

根据不同的目的，园林景观工程预算的方法不尽相同。我国现行的工程预算计价方法有“清单计价”和“定额计价”两种方法（国际上多采用“清单计价”）。

对计算方法的研究主要有：工程量计算、施工消耗（使用）量（指标）计算、价格计算、费用计算等。

3.1.2 常见的园林景观工程概预算

常见的园林景观工程概预算种类有以下几种。

1. 立项估算

用于项目可行性研究阶段。

2. 设计概算

设计概算是由设计单位在初步设计阶段，根据初步设计图纸，按照有关工程概算定额（或是概算指标）、各项费用定额（或取费标准）等有关资料，预先计算和确定工程费用的文件。

3. 施工图预算

施工图预算是指工程设计单位或工程建设单位，根据已批准的施工图纸，在既定施工方案的前提下，按照国家颁布的各项工程预算定额、单位估价表及各种费用标准等有关资料，对工程造价的预先计算和确定。

4. 施工预算

由施工单位内部编制的一种预算。

施工单位在施工前，在施工图预算的控制下，根据施工图计算工程量、施工定额、单位工程施工组织设计等资料，通过工料分析，预先计算和确定工程所需要的人工、材料、机械台班消耗量及相应的费用。

5. 后期养护管理预算

根据园林绿化养护管理定额，对养护期内相关养护项目所需费用的支出进行预算而编制的施工后期管理用的预算文件。

6. 竣工决算

分为施工单位竣工决算和建设单位竣工决算，是反映建设项目实际造价和投资效果的文件。竣工决算包括从筹建到竣工验收的全部建设费用。

7. 竣工后的决算

业内人士称的“园林工程概预算”：大体包括设计概算、施工图预算和竣工决算，又简称为“三算”。

（1）设计概算。概算是基础，由设计单位主编。

（2）施工图预算。由设计单位或工程建设单位编制。

（3）竣工决算。由建设单位或施工单位编制。

三者关系：概算价值不得超过计划任务书的投资额，施工图预算和竣工决算不得超过概算价值。

三者均有独立的功能，在工程建设的不同阶段发挥各自的作用。

3.2 园林景观工程预算的编制

3.2.1 编制园林景观工程预算的作用

从某种意义上说，园林产品属于艺术范畴，它不同于一般的工业与民用建筑，每项工程特色不同、风格各异，施工工艺要求不尽相同，而且项目零星、地点分散、工程量大小不一、工作面大、项目繁多、形式各异，同时还受气候影响。所以，园林绿化产品不可能确定一个价格，必须根据设计图纸和技术经济指标，对园林景观工程事先从经济上加以计算。

1. 预算是园林建设程序的必要工作

园林建设工程，作为基本建设项目中的一个类别，其项目的实施必须遵循建设程序。编制工程预算，是园林建设程序中的重要工作内容。园林景观工程预算书，是园林景观建设中重要的经济文件，具体如下。

（1）优选方案。园林景观工程预算是园林景观工程规划设计方案、施工方案等的技术经济评价的基础。园林建设中规划设计或施工方案（施工组织计划、施工技术操作方案）的确定，通常要在多个方案中比较、选择。

工程预算，一方面通过事先的计算，获得各个方案的技术经济参数，作为方案比较的重要内容；另一方面，可确定技术经济指标，作为进行方案比较的基础或前提，有关方面据此来优选方案。因此，编制园林景观工程预算是园林景观建设管理中进行方案比较、评估、选择的基本工作内容。

（2）园林建设管理的依据。工程预算书是园林景观建设过程中必不可少的技术经济文件。

在园林景观建设的不同建设阶段或相应的环节中，根据有关规定，包括估算、概算、预算等经济技术文件；而在项目施工完成后，又有结算；竣工后，则有决算（即为业内所称的“园林工程预决算”；而估算、预算、后期养护管理预算等，则通常被统称为“园林工程预算”）。

2. 便于园林企业经济管理

园林预算是企业进行成本核算、定额管理等的重要参照依据。

企业参加市场经济运作，制定技术经济政策，参加投标（或接受委托），进行园林项目施工，制定项目生产计划，进行技术经济管理，均必须进行园林预算工作。

3. 制定技术政策的依据

技术政策是国家在一个时期对某个领域技术发展及经济建设进行宏观管理的重要依据。通过工程预算，事先计算出园林施工技术方案的经济效益，能够对技术方案的采用、推广或者限制、修改提供具体的技术经济参数，相关管理部门可以据此制定技术政策。

3.2.2 编制园林景观工程预算的基本程序

编制园林工程预算的一般步骤及顺序，概括起来是：熟悉并掌握预算定额的使用范围、具体内容、工程量计算规则及计算方法，应取费用项目、费用标准和计算公式；熟悉施工图及其文字说明；参加技术交底，解决施工图中的疑难问题；了解施工方案中的有关内容；确定并准备有关预算定额；确定分部工程项目；列出工程细目；计算工程量；套用预算定额；编制补充单价；计算合计和小计；进行工、料分析；计算应取费用；复核、计算单位工程总造价及单位造价；填写编制说明书并装订签章。

以上这些工作步骤，前几项可看作是编制工程预算的准备工作，是编制工程预算的基础。只有准备工作做好了，有了可靠的基础，才能够将工程预算编制好；否则，不是影响预算的质量，就是拖延编制预算的时间。所以，为了准确、及时地编制出工程预算，一定要做好上述每个步骤的工作，特别是各项准备工作。

具体编制程序如下：

1. 搜集各种编制依据资料

在编制预算前，要搜集齐以下资料：施工图设计图纸、施工组织设计、预算定额、施工管理费和各项取费定额、材料预算价格表、地方预决算资料、预算调价文件和地方有关技术经济资料等。

2. 熟悉施工图纸和施工说明书，参加技术交底，解决疑难问题

设计图纸和施工说明是编制工程预算的重要基础资料。它为选择套用定额子目、取定尺寸和计算各项工程量提供重要的依据，所以在编制预算前，必须对设计图纸和施工说明书进行全面、细致的熟悉和审查，并要参加技术交底，共同解决施工图纸和施工图中的疑难问题，进而掌握和了解设计意图及工程全貌，以免在选用定额子目和工程量计算上发生错误。

3. 熟悉施工组织设计和了解现场情况

施工组织设计是由施工单位根据工程特点、施工现场的实际情况等各种有关条件编制的，它是编制预算的依据。因此，必须完全熟悉施工组织设计的全部内容并深入现场，了解现场实际情况是否与设计一致，才能够准确编制预算。

4. 学习并掌握好工程预算定额及其有关规定

为了提高工程预算的编制水平，正确地运用预算定额及其相关规定，必须熟悉现行预算定额的全部内容，了解和掌握定额子目的工程内容、施工方法、质量要求、材料规格、计量单位、工程量计算规则等，以便能熟练查找和正确应用。

5. 确定工程项目、计算工程量

工程项目的划分及工程量计算，必须根据设计图纸和施工说明书提供的工程构造、设计尺寸及做法要求，结合施工现场的施工条件，按照预算定额的项目划分，工程量的计算规则及计算单位的规定，对每个分项工程的工程量进行具体计算。它是工程预算编制工作中最为繁重、细致的重要环节，工程量计算的正确与否直接影响预算的编制质量和速度。

(1) 确定工程项目。在熟悉施工图纸及施工组织设计的基础上，要严格按照定额的项目确定工程项目，为了防止丢项、漏项的现象发生，在编排项目时应当首先将工程分为若干分部工程。如主体工程、基础工程、门窗工程、园林建筑小品工程、水景工程、绿化工程等。

(2) 计算工程量。正确地计算工程量，对基本建设计划，统计施工作业计划工作，合理安排施工进度，组织劳动力和物资的供应均是不可缺少的，同时也是进行基本建设财务管理与会计核算的重要依据，因此工程量计算不单纯是技术计算工作，它对工程建设效益分析具有重要作用。

在计算工程量时应注意以下几点。

1) 在根据施工图纸和预算定额确定工程项目的基础上，必须严格按照定额规定及工程量计算规则，以施工图所注位置与尺寸为依据进行计算，不能人为地加大或是缩小构件尺寸。

2) 计算单位必须与定额中的计算单位一致，才能够准确地套用预算定额中的预算单价。

3) 取定的建筑尺寸及苗木规格要准确，而且要便于核对。

4) 计算底稿要整齐，数字清楚，数值要准确，切忌草率零乱、辨认不清。对数字精确度的要求，工程量算至小数点后两位，钢材、木材以及使用贵重材料的项目可以算至小数点后三位，余数四舍五入。

5) 要按照一定的计算顺序计算，为了便于计算和审核工程量，防止遗漏或重复计算，计算工程量时除了按照定额项目的顺序进行计算外，也可采用先外后内或先横后竖等不同的计算顺序。

6) 利用基数，连续计算。有些“线”和“面”是计算许多分项工程的基数，在整个工程量计算中要反复多次运算，在运算中找出共性因素，再根据预算定额分项工程量的有关规定，找出计算过程中各分项工程量的内在联系，就可以将烦琐工程简化，从而迅速、准确地完成大量计算工作。

6. 编制工程预算书

(1) 确定单位预算价值。填写预算单位时要严格按照预算定额中的子目以及有关规定进行，使用单价要正确，每一分项工程的定额编号，工程项目名称、规格、计量单位、单价，均应当与定额要求相符，要防止错套，以免影响预算的质量。

(2) 计算工程直接费。单位工程直接费是各个分部分项工程直接费的总和，分项工程直接费则用分项工程量乘以预算定额工程预算单价求得的。

(3) 计算其他各项费用。单位工程直接费计算完毕，即可以计算其他直接费、间接费、利润、税金等费用。

(4) 计算工程预算总造价。汇总工程直接费、间接费、其他直接费、利润、税金等费用，最后即可以求得工程预算总造价。

(5) 校核。工程预算编制完毕后，应当由相关人员对预算的各项内容进行逐项全面核对，消除差错，确保工程预算的准确性。

(6) 编写“工程预算书的编制说明”，填写工程预算书的封面，装订成册。

编制说明通常包括下列内容。

1）工程概况。一般要写明工程编号、工程名称、建设规模等。

2）编制依据。编制预算时所采用的图纸名称、标准图集、材料做法及设计变更文件，采用的预算定额、材料预算价格及各种费用定额等资料。

3）其他有关说明。是指在预算表中无法表示且需要用文字做补充说明的内容。

工程预算书封面通常需填写的内容包括：工程编号、工程名称、建设单位名称、施工单位名称、建设规模、工程预算造价、编制单位以及日期等。

7. 工料分析

工料分析是在编写预算时，根据分部、分项工程项目的数量及相应定额中的项目所列的用工及用料的数量，算出各工程项目所需的人工及用料数量，然后进行统计汇总，计算出整个工程的工料所需数量。

8. 复核、签章及审批

工程预算编制出来以后，由本企业的有关人员对所编制预算的主要内容及计算情况进行一次全面的核查核对，以便及时发现可能出现的差错并及时进行纠正，提高工程预算的准确性，审核无误后按照规定进行上报，经上级机关批准后，再送交建设单位和建设银行进行审批。

3.3 园林景观工程预算费用

园林建设工程费用是指直接发生在园林工程施工生产过程中的费用，施工企业及项目经理部在组织管理施工生产经营活动中间接地为工程支出的费用，以及按照国家规定收取的利润和缴纳的税金等的总称。

园林建设工程是园林施工企业按照预定生产目的创造的直接生产成果，它必须通过施工企业的生产活动才够能实现。从理论上讲，园林建设工程费用以园林工程价值为基础，由三个部分组成，即施工企业转移的生产资料费用，施工企业职工的劳动报酬及必要的费用，施工企业向财政缴纳的税金后自存的利润。

按照建标［2013］44号通知的规定，园林建设工程的费用按照工程造价形成由分部分项工程费、措施项目费、其他项目费、规费和税金五部分组成。分部分项工程费、措施项目费、其他项目费包含人工费、材料费、施工机具使用费、企业管理费和利润。

3.3.1 人工费

人工费是指按工资总额构成规定，支付给从事园林景观工程施工的生产工人和附属生产单位工人的各项费用。内容包括：

1. 计时工资或计件工资

计时工资或计件工资是指按计时工资标准和工作时间或对已做工作按计件单价支付给个人的劳动报酬。

2. 奖金

奖金是指对超额劳动和增收节支支付给个人的劳动报酬。如节约奖、劳动竞赛奖等。

3. 津贴补贴

津贴补贴是指为了补偿职工特殊或额外的劳动消耗和因其他特殊原因支付给个人的津贴，以及为了保证职工工资水平不受物价影响支付给个人的物价补贴。如流动施工津贴、特殊地区施工津贴、高温（寒）作业临时津贴、高空津贴等。

4. 加班加点工资

加班加点工资是指按规定支付的在法定节假日工作的加班工资和在法定日工作时间外延时工作的加点工资。

5. 特殊情况下支付的工资

特殊情况下支付的工资是指根据国家法律、法规和政策规定，因病、工伤、产假、计划生育假、婚丧假、事假、探亲假、定期休假、停工学习、执行国家或社会义务等原因按计时工资标准或计时工资标准的一定比例支付的工资。

对某个园林景观工程来讲，其总人工费为各单位工程人工费之和，而单位工程人工费是由完成单位合格产品人工费单价与相应的工程量的乘积之和进行确定的，人工费的计算采用以下计算公式计算：

公式1：

$$人工费=\sum(工日消耗量\times日工资单价) \tag{3-1}$$

$$日工资单价=\frac{生产工人平均月工资(计时、计件)+平均月(奖金+津贴补贴+特殊情况下支付的工资)}{年平均每月法定工作日} \tag{3-2}$$

注：公式1主要适用于施工企业投标报价时自主确定人工费，也是工程造价管理机构编制计价定额确定定额人工单价或发布人工成本信息的参考依据。

公式2：

$$人工费=\sum(工程工日消耗量\times日工资单价) \tag{3-3}$$

日工资单价是指施工企业平均技术熟练程度的生产工人在每工作日（国家法定工作时间内）按规定从事施工作业应得的日工资总额。

注：公式2适用于工程造价管理机构编制计价定额时确定定额人工费，是施工企业投标报价的参考依据。

3.3.2 材料费

材料费是指施工过程中耗费的构成工程实体的原材料、辅助材料、零件、构配件、半成品或成品、工程设备的费用。包括下列内容：

（1）材料原价（或供应价格）。

（2）材料运杂费：材料、工程设备自来源地运至工地仓库或是指定堆放地点所发生的全部费用。

（3）运输损耗费：材料在运输装卸过程中不可避免的损耗。

（4）采购及保管费：组织采购、供应和保管材料、工程设备的过程所需要的各项费用，包括采购费、工地保管费、仓储费及仓储损耗。

材料费按照下列公式计算：

$$材料费=\sum(材料消耗量\times材料单价) \tag{3-4}$$

3.3.3 施工机具使用费

施工机具使用费是指施工作业所发生的施工机械、仪器仪表使用费或其租赁费。

（1）施工机械使用费。施工机械使用费以施工机械台班耗用量乘以施工机械台班单价表示，施工机械台班单价应当由以下费用组成：

1）折旧费：指施工机械在规定的使用年限内，陆续收回其原值的费用。

2）经常修理费：指施工机械除大修理以外的各级保养和临时故障排除所需要的费用。

包括为保障机械正常运转所需要替换设备与随机配备工具用具的摊销和维护费用，机械运转及日常保养所需要润滑与擦拭的材料费用，机械停滞期间的维护及保养费用等。

3）大修理费：指施工机械按照规定的大修理间隔台班进行必要的大修理，以恢复其正常功能所需要的费用。

4）安拆费及场外运费。安拆费是指施工机械（大型机械除外）在现场进行安装与拆卸所需的人工、材料、机械和试运转费用及机械辅助设施的折旧、搭设、拆除等费用，场外运费是指施工机械整体或是分体自停放地点运至施工现场或由一施工地点运至另一施工地点的运输、装卸、辅助材料及架线等费用。

5）税费：指施工机械按照国家规定应当缴纳的车船使用税、保险费以及年检费等。

6）燃料动力费：指施工机械在运转作业中所消耗的各种燃料及水、电费用等。

7）人工费：指机上司机（司炉）和其他操作人员的人工费。

施工机械使用费按照下列公式进行计算：

$$施工机械使用费=\sum(施工机械台班消耗量\times机械台班单价) \quad (3\text{-}5)$$

（2）仪器仪表使用费：是指工程施工所需使用的仪器仪表的摊销及维修费用。

3.3.4 企业管理费

企业管理费是指建筑安装企业组织施工生产和经营管理所需要的费用。内容包括：

（1）管理人员工资。管理人员工资是指按照规定支付给管理人员的计时工资、奖金、津贴补贴、加班加点工资及特殊情况下支付的工资等。

（2）办公费。办公费是指企业管理办公用的文具、纸张、印刷、账表、邮电、书报、办公软件、现场监控、会议、水电、烧水和集体取暖降温（包括现场临时宿舍取暖降温）等费用。

（3）差旅交通费。差旅交通费是指职工因公出差、调动工作的差旅费、住勤补助费，市内交通费及误餐补助费，职工探亲路费，劳动力招募费，职工退休、退职一次性路费，工伤人员就医路费，工地转移费及管理部门使用的交通工具的油料、燃料等费用。

（4）固定资产使用费。固定资产使用费是指管理和试验部门及附属生产单位使用的属于固定资产的房屋、设备、仪器等的折旧、大修、维修或是租赁费。

（5）工具用具使用费。工具用具使用费是指企业施工生产及管理使用的不属于固定资产的工具、器具、家具、交通工具和检验、试验、测绘、消防用具等的购置、维修及摊销费。

（6）劳动保险和职工福利费。劳动保险和职工福利费是指由企业支付的职工退职金、按照规定支付给离休干部的经费，集体福利费、夏季防暑降温补贴、冬季取暖补贴、上下班交通补贴等。

（7）劳动保护费。劳动保护费是企业按照规定发放的劳动保护用品的支出。如工作服、手套、防暑降温饮料及在有碍身体健康的环境中施工的保健费用等。

（8）检验试验费。检验试验费是指施工企业按照有关标准规定，对建筑及材料、构件和建筑安装物进行一般鉴定、检查所发生的费用，包括自设试验室进行试验所耗用的材料等费用。不包括新结构、新材料的试验费，对构件做破坏性试验以及其他特殊要求检验试验的费用和建设单位委托检测机构进行检测的费用，对此类检测发生的费用，由建设单位在工程建设其他费用中列支。但对施工企业提供的具有合格证明的材料进行检测不合格的，此检测费用由施工企业支付。

（9）工会经费。工会经费是指企业按《工会法》规定的全部职工工资总额比例计提的工会经费。

（10）职工教育经费。职工教育经费是指按照职工工资总额的规定比例计提，企业为职工进行专业技术和职业技能培训，专业技术人员继续教育、职工职业技能鉴定、职业资格认定及根据需对职工进行各类文化教育所发生的费用。

（11）财产保险费。财产保险费是指施工管理用财产、车辆等的保险费用。

（12）财务费。财务费是指企业为施工生产筹集资金或是提供预付款担保、履约担保、职工工资支付担保等所发生的各种费用。

（13）税金。税金是指企业按规定缴纳的房产税、车船使用税、土地使用税、印花税等。

（14）其他。包括技术转让费、技术开发费、业务招待费、投标费、绿化费、广告费、公证费、法律顾问费、咨询费、审计费、保险费等。

3.3.5 措施项目费

措施项目费是指为完成工程项目施工，发生于此工程施工前和施工过程中的技术、生活、安全、环境保护等方面的费用。内容包括下述各项费用。

1. 安全文明施工费

（1）环境保护费。是指施工现场为达到环保部门要求所需的各项费用。

（2）文明施工费。是指施工现场文明施工所需的各项费用。

（3）安全施工费。是指施工现场安全施工所需的各项费用。

（4）临时设施费。是指施工企业为进行建筑工程施工所必须搭设的生活及生产用的临时建筑物、构筑物和其他临时设施费用等。

临时设施费用包括：临时设施的搭设、维修、拆除、清理费或摊销费。

2. 夜间施工增加费

夜间施工增加费是指因夜间施工所发生的夜班补助费、夜间施工降效、夜间施工照明设备摊销以及照明用电等费用。

3. 二次搬运费

二次搬运费是指由于施工场地条件限制而发生的材料、构配件、半成品等一次运输不能到达堆放地点必须进行二次或多次搬运所发生的费用。

4. 大型机械设备进出场及安拆费

大型机械设备进出场及安拆费是指机械整体或分体自停放场地运至施工现场或由一个施工地点运至另一个施工地点，所发生的机械进出场运输及转移费用及机械在施工现场进行安装、拆卸所需的人工费、材料费、机械费、试运转费和安装所需的辅助设施的费用。

5. 冬雨季施工增加费

冬雨季施工增加费是指在冬季或雨季施工需增加的临时设施、防滑、排除雨雪，人工及施工机械效率降低等费用。

6. 脚手架工程费

脚手架工程费是指施工需要的各种脚手架搭、拆、运输费用及脚手架购置费的摊销（或租赁）费用。

7. 已完工程及设备保护费

已完工程及设备保护费是指在竣工验收前，对已完工程及设备进行保护所需的费用。

8. 工程定位复测费

工程定位复测费是指施工过程中进行全部施工测量放线和复测工作的费用。

9. 特殊地区施工增加费

特殊地区施工增加费是指工程在沙漠或其边缘地区、高海拔、高寒、原始森林等特殊地区施工增加的费用。

3.3.6 其他项目费

1. 暂列金额

暂列金额是指建设单位在工程量清单中暂定并包括在工程合同价款中的一笔款项。用于施工合同签订时尚未确定或者不可预见的所需材料、工程设备、服务的采购，施工中可能发生的工程变更、合同约定调整因素出现时的工程价款调整以及发生的索赔、现场签证确认等的费用。

2. 计日工

计日工是指在施工过程中，施工企业完成建设单位提出的施工图纸以外的零星项目或工作所需的费用。

3. 总承包服务费

总承包服务费是指总承包人为配合、协调建设单位进行的专业工程发包，对建设单位自行采购的材料、工程设备等进行保管以及施工现场管理、竣工资料汇总整理等服务所需的费用。

3.3.7 规费

规费是指按国家法律、法规规定，由省级政府和省级有关权力部门规定必须缴纳或计取的费用。包括：

1. 社会保险费

(1) 养老保险费：是指企业按照规定标准为职工缴纳的基本养老保险费。

(2) 失业保险费：是指企业按照规定标准为职工缴纳的失业保险费。

(3) 医疗保险费：是指企业按照规定标准为职工缴纳的基本医疗保险费。

(4) 生育保险费：是指企业按照规定标准为职工缴纳的生育保险费。

(5) 工伤保险费：是指企业按照规定标准为职工缴纳的工伤保险费。

2. 住房公积金

住房公积金是指企业按规定标准为职工缴纳的住房公积金。

3. 工程排污费

工程排污费是指按规定缴纳的施工现场工程排污费。

其他应列而未列入的规费，按实际发生计取。

3.3.8 利润

利润是指施工企业完成所承包工程获得的盈利。

3.3.9 税金

税金是指国家相关税法规定的应当计入园林景观工程造价内的营业税、城市维护建设税、教育费附加以及地方教育附加。

税金计算公式为：

$$税金=税前造价\times综合税率(\%) \tag{3-6}$$

其中，综合税率的计算有以下三种情况：

（1）纳税地点在市区的企业：

$$税率(\%)=\frac{1}{1-3\%-(3\%\times7\%)-(3\%\times3\%)-(3\%\times2\%)}-1 \tag{3-7}$$

（2）纳税地点在县城、镇的企业：

$$税率(\%)=\frac{1}{1-3\%-(3\%\times5\%)-(3\%\times3\%)-(3\%\times2\%)}-1 \tag{3-8}$$

（3）纳税地点不在市区、县城、镇的企业：

$$税率(\%)=\frac{1}{1-3\%-(3\%\times1\%)-(3\%\times3\%)-(3\%\times2\%)}-1 \tag{3-9}$$

（4）实行营业税改增值税的，按纳税地点现行税率计算。

4　园林景观工程定额

4.1　定额概述

4.1.1　定额与工程定额的概念

1. 定额的概念

从广义理解，定额就是规定的额度或限度，即标准或尺度，是指用于生产所消耗的数量界限。在园林景观工程施工中，定额是施工的标准或尺度。

2. 工程定额的概念

工程定额是指在正常的施工条件下，完成一定计量单位产品所消耗的人工、材料、机具及资金的数量标准。这些生产消耗会受到技术水平、组织管理水平及施工客观条件的影响，因此它可以反映出一定时期的生产力水平。为了考核其消耗水平，就需要一个统一的消耗标准，因此定额需要由国家或地方主管部门进行确定。

例如，某省园林景观工程定额堆砌湖石假山（高 3m 以内）项目规定：

工作内容：放样，选石，运料。调制混凝土，砂浆，堆砌，搭、拆简单脚手架，塞垫嵌缝，清理，养护。

消耗量：每吨湖石假山所需人工消耗 4.62 工日；湖石 1t，现浇混凝土 $0.08m^3$，1∶2.5水泥砂浆 $0.04m^3$，木脚手板 $0.0035m^3$，二片石 $0.06m^3$；5t 汽车式起重机 0.027 台班。

不同社会制度下工程定额的性质不同，我国的各类定额由授权部门根据所在地域内当时的生产力水平制定并颁发，供所属单位使用。各类定额是在大量测算、综合分析研究实际生产中的数据与资料的基础上，经科学的方法，按照客观规律的要求并结合群众实践经验制定出来的，因此定额具有严密的科学性和广泛的群众基础。

4.1.2　工程定额的作用

定额是指消耗在单位产品上的人工、材料、机械台班的规定额度。这种量的规定，反映了其在一定社会生产力发展水平及正常生产条件下，完成建设工程中某项产品与各种生产消费之间的特定的数量关系。定额既非“计划经济产物”，也非中国的特产和专利，定额在不同社会制度的国家均需要，都将永远存在，并将在社会和经济发展中不断地发展和完善，使之更适应生产力发展的需要，进一步推动社会和经济进步。园林工程定额在园林景观工程造价确定与控制中起到十分重要的作用，同时定额管理的双重性决定了它在市场经济中具有重要的地位和作用。

（1）工程定额对提高劳动生产率起保证作用。在园林景观工程建设中，园林工程定额通过对工时消耗的研究、机械设备的选择、劳动组织的优化、材料合理节约使用等方面的分析和研究，使各生产要素得到最合理的配合，最大限度地节约劳动力及减少材料的消耗，不断地挖掘潜力，进而提高劳动生产率和降低成本。工程建设定额的使用，将提高劳动生产率的任务落实到各项工作和每个劳动者，使每个工人都能够明确各自目标，加快工作进度，更合理有效地利用和节约社会劳动。

（2）工程定额是国家对工程建设进行宏观调控和管理的手段。市场经济并不排斥宏观调控，利用园林工程定额对园林景观工程建设进行宏观调控和管理，主要表现在下列三个方面：

1）对工程造价进行宏观调控和管理。

2）对资源进行合理配置。

3）对经济结构进行合理调控。包括对企业结构、技术结构和产品结构进行合理调控。

（3）工程定额利于规范市场行为。园林产品的生产过程是以消耗大量的生产资料和生活资料等物质资源为基础的。因园林工程定额制定出以资源消耗量的合理配置为基础的定额消耗量标准，所以一方面制约了建筑产品的价格；另一方面，企业的投标报价中必须充分考虑定额的要求。可见，定额在上述两方面规范了市场主体的经济行为，因此园林工程定额对完善我国园林景观工程招投标市场起到十分重要的作用。

（4）工程定额利于市场公平竞争。在市场经济规律作用下的商品交易当中，特别强调等价交换的原则。所谓等价交换，就是要求商品按照价值量进行交换，园林产品的价值量是由社会必要劳动时间决定的，而园林工程定额消耗量标准是建筑产品形成市场公平竞争、等价交换的基础。

（5）工程定额利于完善市场的信息系统。信息是建筑园林市场体系中不可缺少的要素，信息的可靠性、完备性及灵敏性是市场成熟和效率的标志。在园林产品交易过程当中，定额能够对市场需求主体和供给主体提供较准确的信息，并能够反映出不同时期生产力水平与市场实际的适应程度。

4.2 施工定额和企业定额

4.2.1 施工定额

1. 劳动定额

（1）劳动定额测定方法

1）技术测定法。技术测定法是应用几种计时观察法获得工时消耗数据、制定劳动消耗定额。为了确保定额的质量，对那些工料消耗比较大的定额项目应首先选择这种方法。时间定额也叫“工时定额”，是劳动定额的一种，是生产单位产品或完成一定工作量所规定的时间消耗量。定额时间包括基本工作时间、辅助工作时间、不可避免的中断时间、准备时间与结束工作时间以及工人必需的休息时间。

① 确定基本工作时间。基本工作时间在必须消耗的工作时间中占的比重最大。基本工作时间消耗根据计算观察资料确定。其做法为首先确定工作过程每一组成部分的工时消耗，之后再综合此工作过程的工时消耗。

② 确定辅助工作和准备与结束工作时间。确定方法与基本工作时间相同。

③ 拟定、确定不可避免的中断时间。施工中包括两种不同的工作中断情况：一种情况是由工艺特点所引起的不可避免的中断，此项工作消耗可列入工作过程的时间定额；另一种情况是由于班组工人所担负的任务存在不均衡引起的中断，这种工作中断应通过改善班组人员编制、合理进行劳动分工来克服。不可避免的中断时间根据测时资料通过整理分

析获得。

④ 确定休息时间。休息时间是工人恢复体力所必需的时间，应当列入工作过程时间定额。休息时间应当通过对工作班作息制度、经验资料、计时观察资料以及对工作的疲劳程度作全面分析进行确定，尽量利用不可避免的中断时间作为休息时间。

⑤ 确定时间定额。基本工作时间、辅助工作时间、准备与结束工作时间、不可避免中断时间和休息时间确定后，便可以计算劳动定额的时间定额了，计算公式：

$$\text{定额时间}=\text{基本工作时间}+\text{辅助工作时间}+\text{准备与结束工作时间}+\text{不可避免的中断时间}+\text{休息时间} \tag{4-1}$$

或

$$\text{定额时间}=\frac{\text{基本工作时间}}{1-\text{其他各项工作时间所占百分比}} \tag{4-2}$$

2）比较类推法。比较类推法是选定一个已精确测定好的典型项目的定额，经过对比分析，计算出同类型其他相邻项目定额的方法。采用这种方法制定定额简单易行、工作量小，但通常会因对定额的时间构成分析不够，对影响因素估计不足，或所选典型定额不当而影响定额的质量。本法适用于制定同类产品品种多、批量小的劳动定额及材料消耗定额。比较类推的计算公式：

$$T=pt_0 \tag{4-3}$$

式中 T——比较类推同类相邻定额项目的时间定额；

t_0——典型项目的时间定额；

p——各同类相邻项目耗用工时的比例。

3）统计分析法。统计分析法是将以往施工当中所积累的同类型工程项目的工时耗用量加以科学地统计、分析，并考虑施工技术与组织变化的因素，经分析研究后制定劳动定额的一种方法。采用统计分析法需有准确的原始记录和统计工作基础，并且选择正常以及一般水平的施工单位与班组，同时还要选择部分先进和落后的施工单位与班组进行分析和比较。由于统计分析资料是过去已经达到的水平，且包含了某些不合理的因素，水平可能偏于保守。为了使定额保持平均先进水平，应当从统计资料中求出平均先进值。

平均先进值的计算步骤：①删除统计资料中特别偏高、偏低及明显的不合理的数据；②计算出算术平均数值；③在工时统计数组当中，取小于上述算术平均值的数组，再计算其平均值，即为所求的平均先进值。

4）经验估计法。经验估计法是对生产某一种产品或者完成某项工作所消耗的工日、原材料、机械台班等的数量，根据定额管理人员、技术人员、工人等以往的经验，结合图纸分析、现场观察、分解施工工艺、组织条件和操作方法来估计，适用于指定多品种产品的定额。此方法要了解施工工艺，分析施工的生产技术组织条件和操作方法的繁简、难易等情况，对于同一项定额应选择几种不同类型工序反复比较和讨论，避免只靠个别人的经验作为制定定额的唯一根据。

经验估计法的优点是简便易行、工作量小、速度快，但通常受主观因素的影响，缺乏详细的分析和计算，准确性较差，容易出现偏高或偏低现象。因此，经验估计法只适用于企业内部，作为某些局部项目的补充定额。因为受估计人员的经验和水平的局限，同一个项目的定额，有时会提出几种不同水平的定额。在这种情况下，就要对提出的各种不同的数据进行分析处理。常用的方法是“三点估计法”，即预先估计某施工过程或工序的工时消耗量或材料消耗量的三个不同水平的数值：先进的（乐观估计）为 a，一般的（最大可能）为 m，保守的（悲观估计）为 b，根据统筹法的原理，求其平均值 $\bar{t}$ 的计算公式：

$$\bar{t}=\frac{a+4m+b}{6} \tag{4-4}$$

标准差：

$$\sigma=\left|\frac{a-b}{6}\right| \tag{4-5}$$

根据正态分布的公式，调整后的工时定额：

$$t=\bar{t}+\lambda\sigma \tag{4-6}$$

式中　λ——σ 的系数，从正态分布表（见有关概率统计的书籍）中，可查出对应于 λ 值的概率 P（λ）。

三点法的实质仍是一种用样本均值和标准差作为总体均值和标准差估计量的形式，只不过不采用一般的抽样计算方式。这种方法简单易行，有一定的科学依据和可靠性。此法的关键问题是 a、m、b 三个估计值的可靠程度。

经验估计法通常用于品种多、工程量少、施工时间短以及一些不常出现的项目等一次性定额的制定。

（2）劳动定额的表现形式

1）时间定额。时间定额是指某种专业、某种技术等级的工人班组或个人，在合理的劳动组织与一定的生产技术条件下，为完成单位合格产品所必须消耗的工作时间。

时间定额的单位一般以“工日”、“工时”表示，一个工日表示一个人工作一个工作班，每个工日工作时间按照现行制度为每人 8h。其计算方法：

$$\text{单位产品时间定额(工日)}=\frac{1}{\text{每工日产量}} \tag{4-7}$$

或

$$\text{单位产品时间定额(工日)}=\frac{\text{小组成员工日数的总和}}{\text{台班产量}} \tag{4-8}$$

2）产量定额。产量定额是指在合理的劳动组织与一定的生产技术条件下，某种专业、某种技术等级的工人班组或个人，在单位工日中所应完成的合格产品数量。其计算方法：

$$\text{每工日产量}=\frac{1}{\text{单位产品时间定额(工日)}} \tag{4-9}$$

或

$$\text{台班产量}=\frac{\text{小组成员工日数的总和}}{\text{单位产品时间定额(工日)}} \tag{4-10}$$

产量定额的计量单位视具体产品的性质分别选用 m、m^2、m^3、t、根和块等表示。

时间定额与产量定额互为倒数，即：

$$\text{时间定额}=\frac{1}{\text{产量定额}} \tag{4-11}$$

时间定额和产量定额两种形式，使用时可任意选择。

2. 材料消耗定额

（1）材料消耗定额编制方法。材料消耗定额的编制方法包括观测法、试验法、统计法和理论计算法。

1）观测法。观测法是对施工过程中实际完成产品的数量进行现场观察、测定，再通过分析整理和计算确定建筑材料消耗定额的一种方法。

观测法最适宜制定材料的损耗定额，由于只有通过现场观察、测定，才能够正确区别哪些属于不可避免的损耗；哪些属于可以避免的损耗。用观测法制定材料的消耗定额时，所选用的观测对象应当符合以下要求：

① 建筑物应具有代表性。

② 施工方法符合操作规范的要求。

③ 建筑材料的品种、规格、质量符合技术、设计的要求。

④ 被观测对象在节约材料和确保产品质量等方面有较好的成绩。

观测中要区分不可避免的材料损耗和可以避免的材料损耗，可以避免的材料损耗不应当包括在定额损耗量内。必须经过科学的分析研究后，确定确切的材料消耗标准，列入定额。

2）试验法。试验法又称为试验室试验法，通过专门的仪器和设备在试验室内确定材料消耗定额的一种方法。这种方法适用于能在试验室条件下进行测定的塑性材料和液体材料（如混凝土、砂浆、沥青玛琋脂、油漆涂料及防腐涂料等），一般用于确定材料的配合比。例如，求得不同强度等级混凝土的配合比，用以计算每立方米混凝土的各种材料耗用量。

因为在试验室内比施工现场具有更好的工作条件，所以能更深入、详细地研究各种因素对材料消耗的影响，从中得到比较准确的数据。但是，在试验室中无法充分估计到施工现场中某些外界因素对材料消耗的影响。所以要求试验室条件尽量与施工过程中的正常施工条件一致，同时在测定后用观察法进行审核和修正。

3）统计法。统计法是指通过统计现场各分部分项工程的进料数量、用料数量、剩余数量及完成产品数量，并对大量统计资料进行分析计算，获得材料消耗的数据。这种方法由于无法分清材料消耗的性质，因此不能作为确定材料净用量定额和材料损耗定额的精确依据。

采用统计法必须要确保统计与测算的耗用材料和其相应产品符合。在施工现场中的某些材料，通常难以区分用在各个不同部位上的准确数量。因此要注意统计资料的准确性和有效性。

4）理论计算法。理论计算法又称计算法。它是根据施工图纸和其他技术资料，用理论公式计算出产品的材料净用量，进而制定出材料的消耗定额。理论计算法只能计算出单位产品的材料净用量，材料的损耗量还要在现场通过实测取得。这种方法适用于一般板块类。这种方法主要适用于块状、板状和卷筒状产品（如砖、钢材、玻璃、油毡等）材料的计算。

例如，$1m^3$ 标准砖墙中，砖、砂浆的净用量计算公式：

$1m^3$ 的一砖墙中，砖的净用量：

$$\text{砖净用量}=\frac{1}{(\text{砖宽}+\text{灰缝})\times(\text{砖厚}+\text{灰缝})}\times\frac{1}{\text{砖长}} \tag{4-12}$$

$1m^3$ 的一砖半砖墙中，砖的净用量：

$$砖净用量=\left[\frac{1}{(砖长+灰缝)\times(砖厚+灰缝)}+\frac{1}{(砖宽+灰缝)\times(砖厚+灰缝)}\right]\times\frac{1}{砖长+砖宽+灰缝} \tag{4-13}$$

$$砂浆净用量=1m^3砌体-砖体积 \tag{4-14}$$

（2）周转性材料的消耗量计算。周转性材料是指在施工过程中不是一次性消耗的材料，而是经过修理、补充后可以多次周转使用，逐渐消耗尽的材料，如模板、脚手架。周转性材料计算是定额与预算中的一个重要内容。

周转性材料消耗的定额量是指每使用一次摊销数量，其计算必须考虑一次使用量、周转使用量、回收价值及摊销量之间的关系。

1）现浇构件周转性材料（木模板）用量计算

① 一次使用量。一次使用量即第一次投入使用时的材料数量。根据构件施工图和施工及质量验收规范计算。一次使用量供建设单位和施工单位申请备料和编制施工作业计划使用。其用量与各分部分项工程部位、施工工艺和施工方法有关。

例如，在计算现浇钢筋混凝土构件模板的一次量时，应当先求结构构件混凝土与模板的接触面积，再乘以该结构构件每平方米模板接触面积所需要的材料数量。其计算公式：

$$一次使用量=混凝土模板接触面积\times 1m^3接触面积需模板量\times(1-制作损耗率) \tag{4-15}$$

② 周转次数。周转次数是指周转性材料在补损条件下可以重复使用的次数。可以按照施工情况和过去的经验确定。

③ 周转使用量。周转使用量是指在周转使用和补损的条件下，每周转一次的平均需要量。

周转性材料在周转过程中，其投入使用总量：

$$投入使用总量=一次使用量+一次使用量\times(周转次数-1)\times损耗率 \tag{4-16}$$

周转使用量：

$$\begin{aligned}周转使用量&=\frac{投入使用量}{周转次数}=\frac{一次使用量+一次使用量\times(周转次数-1)\times损耗率}{周转次数}\\&=一次使用量\times\left[\frac{1+(周转数-1)\times损耗率}{周转次数}\right]\end{aligned} \tag{4-17}$$

其中

$$损耗率=\frac{平均每次损耗率}{一次使用量} \tag{4-18}$$

若设周转使用系数为 k_1：

$$k_1=\frac{1+(周转次数-1)\times损耗率}{周转次数} \tag{4-19}$$

则

$$周转使用量=一次使用量\times k_1 \tag{4-20}$$

④ 周转回收量。周转回收量是指周转性材料每周转一次后，可平均回收的数量，这部分数量应从摊销量中扣除。计算公式：

$$周转回收量=\frac{周转使用最终回收量}{周转次数}=\frac{一次使用量-(一次使用量\times损耗率)}{周转次数}$$

$$=一次使用量\times\frac{1-损耗率}{周转次数} \tag{4-21}$$

如果设周转回收量系数为 k_2：

$$k_2=\frac{1-损耗率}{周转次数} \tag{4-22}$$

则

$$周转回收量=一次使用量\times k_2 \tag{4-23}$$

⑤ 摊销量。摊销量指周转材料使用一次在单位产品上的消耗量，即应分摊到每一单位分项工程或结构构件上的周转材料消耗量。

$$\begin{aligned}摊销量&=周转使用量-周转使用量\times回收折价率\\&=一次使用量\times k_1-一次使用量\times k_2\times回收折价率\\&=一次使用量\times(k_1-k_2\times回收折价率)\end{aligned} \tag{4-24}$$

如果设摊销量系数为 k_3：

$$k_3=k_1-k_2\times回收折价率 \tag{4-25}$$

则

$$摊销量=一次使用量\times k_3 \tag{4-26}$$

2）预制构件模板及其他定型模板计算。预制混凝土构件的模板，虽属周转使用材料，但其摊销量的计算方法和现浇混凝土模板计算方法不同，按照多次使用平均摊销的方法计算，即无须计算每次周转的损耗，只需要根据一次量及周转次数，即可以算出摊销量。计算公式如下：

$$预制构件模板摊销量=\frac{一次使用量}{周转次数} \tag{4-27}$$

其他定型模板，如组合式钢模板、复合木模板，也用式（4-27）计算摊销量。

（3）材料消耗定额的组成。单位合格产品必须消耗的材料数量由材料的净用量及损耗量两部分组成。材料的净用量是指直接用于工程并构成工程实体的材料数量；材料损耗量是指不可以避免的施工废料和材料损耗数量，如场内运输及场内堆放在允许范围内不可以避免的损耗、加工制作中的合理损耗及施工操作中的合理损耗等。

材料消耗量可表示为：

$$材料消耗量=材料净用量+材料损耗量 \tag{4-28}$$

材料损耗量常用损耗率表示，损耗率通过观测和统计确定，不同材料的损耗率不同。材料损耗量计算方法：

$$材料损耗量=材料消耗量\times材料损耗率 \tag{4-29}$$

材料损耗率：

$$材料损耗率=\frac{材料损耗量}{材料消耗量} \tag{4-30}$$

因此，材料消耗量也可以表示为：

$$材料消耗量=\frac{材料净用量}{1-材料损耗率} \tag{4-31}$$

3. 机械台班使用定额

（1）确定机械净工作 1h 生产率。机械净工作时间是指机械必须消耗的时间，包括在满载和有根据地降低负荷下的工作时间、不可以避免的无负荷工作时间与必要的中断时间。

根据工作特点的不同，机械可以分为循环和连续动作两类，其机械净工作 1h 生产率的确定方法有所不同。

1）循环动作机械净工作 1h 生产率。循环动作机械，如单斗挖土机、起重机等，每一循环动作的正常延续时间包括不可以避免的空转和中断时间。机械净工作 1h 生产率的计算公式如下：

$$\text{机械净工作1h 循环次数}=\frac{3600\text{s}}{\text{一次循环的正常延续时间}} \tag{4-32}$$

$$\text{循环工作机械净工作1h 生产率}=\text{机械净工作1h 循环次数}\times\text{一次循环生产的产品数量} \tag{4-33}$$

2）连续动作机械净工作 1h 生产率。连续动作机械是指施工作业当中只作某一动作的连续动作机械。确定机械净工作 1h 正常生产率计算公式如下：

$$\text{连续工作机械净工作1h 工作率}=\frac{\text{工作时间内完成的产品数量}}{\text{工作时间(h)}} \tag{4-34}$$

工作时间内完成的产品数量和工作时间的消耗，要通过多次现场观测或试验以及机械说明进行确定。

3）确定机械的正常利用系数。机械的正常利用系数是指机械在工作班内对工作时间的利用率。机械正常利用系数的计算公式如下：

$$\text{机械正常利用系数}=\frac{\text{机械在一个工作班内净工作时间}}{\text{一个工作班延续时间(8h)}} \tag{4-35}$$

4）计算机械台班定额。确定了机械工作正常条件、机械净工作 1h 正常生产率和机械正常利用系数之后，采用以下公式计算施工机械定额：

$$\text{机械台班产量定额}=\text{机械净工作1h 正常生产率}\times\text{工作班净工作时间} \tag{4-36}$$

或

$$\text{机械台班产量定额}=\text{机械净工作1h 正常生产率}\times\text{工作班延续时间}\times\text{机械正常利用系数} \tag{4-37}$$

（2）机械台班定额的表现形式

1）机械台班定额

① 机械时间定额。在正常的施工条件和合理的劳动组织下，完成单位合格产品所必需的机械台班数，按照下式计算：

$$\text{机械时间定额(台班)}=\frac{1}{\text{机械台班产量}} \tag{4-38}$$

② 机械台班产量定额。在正常的施工条件、合理的劳动组织下，每一个机械台班时间中需完成的合格产品数量，按照下式计算：

$$\text{机械台班产量定额}=\frac{1}{\text{机械时间定额(台班)}} \tag{4-39}$$

2）人工配合机械工作的定额。也就是按照每个机械台班内配合机械工作的工人班组总工日数及完成的合格产品数量进行确定。

单位产品的时间定额为完成单位合格产品所必须消耗的工作时间，按照下式计算：

$$\text{单位产品时间定额(工日)}=\frac{\text{班组成员工日总数}}{\text{一个机械台班的产量}} \tag{4-40}$$

一个机械台班中折合到每个工日生产单位合格产品的数量，按照下式计算：

$$\text{产量定额}=\frac{\text{一个机械台班的产量}}{\text{班组成员工日数总和(工日)}} \tag{4-41}$$

机械台班定额一般用复式表示，即时间定额/台班产量定额，同时表示时间定额和台班产量定额。

4.2.2 企业定额

1. 企业定额的概念

园林施工企业定额是园林施工工人在正常的施工条件下，为完成单位合格产品所需人工、机械、材料消耗的数量以及费用标准。它是根据专业施工的作业对象和工艺制定的。企业定额反映企业的施工水平、装备水平和管理水平，作为考核园林施工企业劳动生产率水平、管理水平的标尺和确定工程成本、投标报价的依据。工程量清单计价方法实施的关键在于企业的自主报价。所以，企业定额体系的建立是推行工程量清单计价的重要工作。运用自己的企业定额资料去确定工程量清单中的报价、材料损耗、用工损耗、机械种类和使用办法、管理费用的构成等各项指标，这样才能够表现自己企业施工和管理上的个性特点，在投标报价中增强竞争力。

2. 企业定额的作用

(1) 企业定额是施工企业计算和确定工程施工成本的依据，是施工企业进行成本管理及经济核算的基础。

(2) 企业定额是施工企业进行工程投标、编制工程投标价格的基础和主要依据。企业定额的定额水平反映企业施工生产的技术水平及管理水平，在确定投标报价时，首先依据企业定额计算出施工企业拟完成投标工程需发生的计划成本。在掌握工程成本基础上，再考虑所处环境等其他因素确定投标报价。

(3) 企业定额是施工企业编制施工组织设计的依据。企业定额反映本企业的施工生产力水平，运用企业定额可以更加合理地组织施工生产，有效确定和控制施工中的人力、物力消耗，节约成本开支。

3. 企业定额的编制

(1) 制定编制计划。通常包括以下内容：

1) 企业定额编制的目的。由于编制目的决定了企业定额的适用范围，同时也决定了企业定额的表现形式，所以企业定额编制的目的一定要明确。

2) 定额水平的确定。企业定额应能够真实地反映本企业的消耗量水平。企业定额水平确定的准确与否，是企业定额能否实现编制目的的关键。定额水平过高或过低，背离企业现有水平，对项目成本核算和企业参与投标竞争均不利。

3) 确定编制方法和定额形式。定额的编制方法很多，对不同形式的定额，其编制方法也不相同。例如，劳动定额的编制方法包括：技术测定法、统计分析法、比较类推法、经验估算法等；材料消耗定额的编制方法包括观察法、试验法、统计法等。所以，定额编制究竟采取哪种方法应根据具体情况而定，可以综合应用多种方法进行编制。企业定额应形式灵活、简明适用，并具有较强的可操作性，以满足投标报价与企业内部管理的要求。

4）成立专门机构，由专人负责。企业定额的编制工作是一个系统性的工作，在一开始，就应当设置一个专门的机构（中小企业也可由相关部门代管），并由专人负责，而定额的编制则应当由定额管理人员、现场管理人员和技术工人组成的“三合一”小组来完成。

5）明确应当收集的数据和资料。定额在编制时要尽量多地收集与定额编制有关的各种数据。在编制计划书中，要制定一份按照门类划分的资料明细表。

6）确定编制进度目标。定额的编制工作量大，不可能立即就完成，因此应当确定一个合理的工期和进度计划表，可以根据定额项目使用的概率有重点地编制，采用循序渐进、逐步完善的方式完成。这样，既有利于编制工作的开展，又能够保证编制工作效率和及时投入使用。

（2）资料的搜集、分析和综合测算。应当搜集的资料包括如下内容：

1）有关园林景观工程的设计规范、施工及质量验收规范和安全操作规程。

2）现行社会定额，包括基础定额、预算定额、消耗量定额及工程量计算规则。

3）本企业近几年各工程项目的财务报表、公司财务总报表以及历年收集的各类经验数据。

4）本企业近几年所完成工程项目的施工组织设计、施工方案及工程成本资料与结算资料。

5）企业现有机械设备状况、机械效率、寿命周期和价格，机械台班租赁价格行情。

6）本企业近几年主要承建的工程类型以及所采用的主要施工方法。

7）本企业目前工人技术素质、构成比例。

8）有关的技术测定和经济分析数据。

9）企业现有的组织机构、管理制度、管理人员的数量以及管理水平。

资料收集后要进行认真的分析、整理和综合测算，提取可供使用的各种技术数据。

（3）拟定企业定额的工作方案。主要包括下列内容：

1）确定企业定额的内容及专业划分。

2）确定企业定额的章、节的划分及内容的框架。

3）确定合理的劳动组织、明确劳动手段及劳动对象。

4）确定企业定额的结构形式及步距划分原则。

（4）定额消耗量的确定及定额水平的测算。具体测定和计算方法同前述施工定额及预算定额的编制。

人工价格也即劳动力价格，一般情况下就按照地区劳务市场价格计算确定。

材料价格按照市场价格计算确定，其应是供货方将材料运至施工现场堆放地或工地仓库后的出库价格。

施工机械使用价格中最为常用的是台班价格，应当通过市场询价确定。

4.3 预算定额和单位估价表

4.3.1 预算定额

1. 预算定额的概念

预算定额是指确定一定计量单位的分项工程或结构构件的人工、材料和施工机械台班消耗量的标准，其各项指标反映了国家要求施工企业和建设单位在完成施工任务中消耗人工、材料和机械的限度，这种限度决定着国家与建设单位能够为建设工程向施工企业提供多少物质资料和建设资金。由此可见，预算定额体现的是国家、建设单位及施工企业之间的一种经济关系。

园林建设工程预算定额是指在正常的施工条件下，完成一定计量单位的合格园林产品所必需的劳动力、机械台班、材料及资金消耗的数量标准。

实行预算定额的目的：力求以最少的人力、物力和财力，生产出符合质量标准和合格的园林建设产品，取得最佳的经济效益。园林建设工程预算定额既是使园林建设活动中的计划、设计、施工安装各项工作取得最佳经济效益的有效工具，又是衡量、考核上述工作经济效益的尺度。

2. 预算定额的作用

园林工程预算定额，是确定一定计量单位的园林分项工程的人工、材料及施工机械台班合理消耗的数量标准，是园林工程建设中的一项重要技术经济法规，它规定了施工企业和建设单位在完成施工任务时所允许消耗的人工、材料及机械台班的数量限额，确定了国家、建设单位和园林施工企业之间的技术经济关系，在我国建设工程中占有非常重要的地位和作用。

（1）园林工程预算定额是各省（自治区、直辖市）、市、地区和行业编制园林工程预算单位估价表的依据。

（2）园林工程预算定额是编制园林工程施工图预算、确定工程造价的依据。施工图预算必须依据预算定额（或以预算定额为基础产生的综合预算定额）编制。

（3）园林工程预算定额是招标投标中编制招标标底的依据。

（4）园林工程预算定额是拨付工程价款和进行工程竣工结算的依据。因园林工程工期长，难以统一采取竣工后一次结算的方法，通常要在期中通过一定的方式采用分次结算的方法。当采用按已完成部分分项工程进行结算时，必须以预算定额为依据，计算应结算的工程款；竣工结算，按照预算和增减账计算，同样离不开预算定额。

（5）园林工程预算定额是设计部门对设计方案进行技术经济分析的工具。

（6）园林工程预算定额是施工企业贯彻经济核算，进行经济流动分析的依据。

（7）园林工程预算定额是编制施工组织设计，确定劳动力、园林材料、成品及施工机械台班需用量的依据。

（8）园林工程预算定额是编制综合预算定额、概算定额和概算指标的依据。综合预算定额、概算定额是在预算定额基础上，按照一定的要求，综合扩大而成。概算指标要比概算定额综合性更大，它是根据典型工程施工图和预算定额等资料编制的，这样可使概算指标、概算定额、综合预算定额与预算定额水平保持一致，避免造成计划工作和执行定额的困难。

综上所述，编制、执行好园林工程预算定额，充分发挥其作用，对于合理确定工程造价，推行以招标承包制为中心的经济责任制，监督园林建设投资的合理使用，促进经济核算，改善企业经营管理，降低工程成本，提高经济效益，具有非常重要的现实意义。

3. 预算定额的编制步骤

预算定额的编制通常要经过编前准备、编制初稿和修改定稿三个阶段。

（1）编前准备阶段。在此阶段，主要是根据收集到的有关资料和国家政策性文件，拟定编制方案，对编制过程中一些重大原则问题做出统一的规定。

（2）编制初稿、测定预算定额水平。

1）编制预算定额初稿：根据确定的定额项目和基础资料，进行反复分析及测算，编制定额项目劳动力计算表、材料以及机械台班计算表，并附注有关计算说明，然后汇总编制预算定额项目表，即预算定额初稿。

2）预算定额水平测算：新定额编制成稿，必须与原定额进行对比测算，分析水平升降原因。一般，新编定额的水平应不低于历史上已达到的水平并略有提高。

（3）修改定稿、整理资料阶段。

1）印发征求意见：定额编制初稿完成后，需征求各有关方面意见和组织讨论，反馈意见。在统一意见的基础上整理分类，制定修改方案。

2）修改整理报批：根据修改方案，将初稿按照定额的顺序进行修改，并经审核无误后形成报批稿，经批准后交付印刷。

3）撰写编制说明：为顺利地贯彻执行定额，需撰写新定额编制说明。其内容包括：项目、子目数量，人工、材料、机械单价的计算资料，施工方法、工艺的选择及材料运距的考虑，各种材料损耗率的取定资料，调整系数的使用，其他应当说明的事项与计算数据、资料。

4）立档、成卷：定额编制资料是贯彻执行定额中需要查对资料的唯一依据，也为修改定额提供历史资料数据，应当作为技术档案永久保存。

4. 预算定额编制中的主要工作

（1）定额项目的划分。因产品结构复杂、形体庞大，因此不可能就整个产品计价。但可以根据不同部位、不同消耗或不同构件，将庞大的产品分解成各种不同、较为简单、适当的计量单位（称为分部分项工程），作为计算工程量的基本构造要素，在此基础上编制预算定额项目。确定定额项目时要求：

1）便于确定单位估价表。

2）便于编制施工图预算。

3）便于进行计划、统计和成本核算。

（2）工程内容的确定。基础定额子目人工、材料消耗量及机械台班使用量直接由工程内容确定。所以，工程内容范围的规定非常重要。

（3）确定预算定额的计量单位。预算定额和施工定额计量单位通常不同。施工定额的计量单位通常按照工序或施工过程确定，而预算定额的计量单位主要根据分部分项工程和结构构件的形体特征及其变化确定。因工作内容综合，预算定额的计量单位亦具有综合性质，工程量计算规则的规定应确切反映定额项目所包含的工作内容。

预算定额的计量单位关系到预算工作的繁简与准确性。所以，要正确确定各分部分项工程的计量单位。

（4）确定施工方法。编制预算定额所取定的施工方法，必须选用正常、合理的施工方法，以确定各专业的工程及施工机械。

（5）确定预算定额中人工、材料和施工机械消耗量指标。确定预算定额中人工、材料和机械台班消耗指标时，必须先按照施工定额的分项逐项计算出消耗指标；然后，再按照预算定额的项目加以综合。但是，这种综合不是简单合并与相加，而需在综合过程中适当增加两种定额之间的水平差。预算定额的水平，首先取决于这些消耗量的合理确定。

人工、材料和机械台班消耗量指标，应当根据定额编制原则和要求，采取理论与实际相结合、图纸计算与施工现场测算相结合、编制人员与现场工作人员相结合等方法进行计算和确定，使定额既能够符合政策要求，又与客观情况相一致，便于贯彻执行。

(6) 编制定额表与拟定有关说明。定额项目表的一般格式：横向排列为各分项工程的项目名称，竖向排列为分项工程的人工、材料和施工机械消耗量指标。有的项目表下部还有附注，以说明设计有特殊要求时，如何进行调整及换算。

预算定额的主要内容包括：目录，总说明，各章、节说明，定额表以及有关附录等。

5. 园林工程预算定额的定额基价

园林工程预算定额的定额基价由人工费、材料费及机械费组成。定额基价的确定方法主要就是由定额所规定的人工、材料、机械台班消耗量（所谓的“三量”）乘以相应的地区日工资单价、材料价格和机械台班价格（即所谓的“三价”）所得到的定额分项工程的基价。

人工费＝∑(某定额项目工日数×地区相应的日工资单价)　　(4-42)

材料费＝∑(某定额项目材料消耗量×地区相应材料价格)＋其他材料费　　(4-43)

机械台班使用费＝∑(某定额项目机械台班消耗量×地区相应施工机械台班单价)　　(4-44)

6. 园林工程预算定额的应用

(1) 定额编号。在编制施工图预算时，对工程项目均须填写定额编号，其目的是便于检查使用定额时，项目套用是否正确、合理，以起到减少差错及提高管理水平的作用。

园林工程预算定额编号有两种表现形式，即“二代号”编号法和“三代号”编号法。

1)“二代号”编号法。“二代号”编号法是以园林预算定额中的“分部工程序号-分项工程序号”两个号码，进行定额编号。其表达形式如下：

×——————××

分部工程序号　　分项工程序号

其中：分部工程序号，用阿拉伯数字1，2，3，4……

分项工程序号，用阿拉伯数字1，2，3，4……

目录中，均注明各分项工程的所在页数。项目表中的项目号按照分部工程各自独立顺序编排，用阿拉伯字码书写。在编制工程预算书套用定额时，应当注明所属分部工程的编号和项目编号。

例如：栽植乔木　　定额编号　1-59　计量单位10株

白色水磨石飞来椅　　定额编号　3-40　计量单位10m

石板冰梅路面　　定额编号　2-57　计量单位$10m^2$

以“二代号”编号法进行项目定额编号较为常见。

2)“三代号”编号法。“三代号”编号法是以园林预算定额中的“分部工程序号-分定额节序号（或工程项目所在定额页数）-分项工程序号”三个号码，进行定额编号。其表达形式如下：

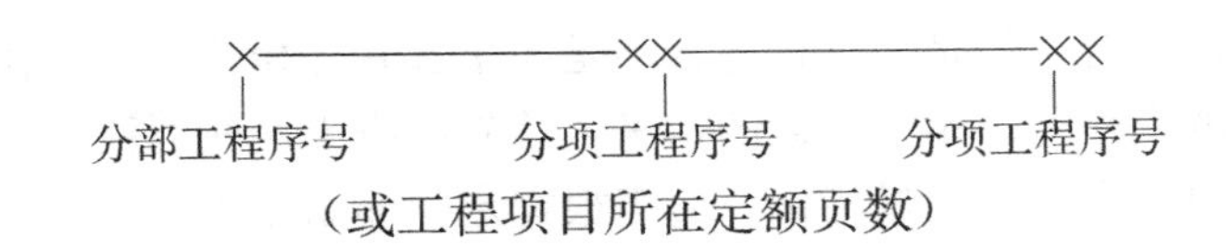

（2）预算定额的查阅方法。定额表查阅目的：在定额表中找出所需要的项目名称、人工、材料、机械名称及它们所对应的数值，通常查阅分三步进行（以横式表为例）。

第一步：按照分部—定额节—定额表—项目的顺序找至所需要项目名称，并从上向下目视。

第二步：在定额表中找出所需的人工、材料、机构名称，并从左向右目视。

第三步：两视线交点的数值，就是所找数值。

（3）预算定额的应用。预算定额是编制施工图预算、确定工程造价的主要依据，定额应用正确与否直接影响建筑工程造价。在编制施工图预算应用定额时，一般会遇到下述三种情况：定额的套用、换算以及补充。

1）预算定额的直接套用。在应用预算定额时，要认真地阅读掌握定额的总说明，各分部工程说明、定额的适用范围，已经考虑和没有考虑的因素及附注说明等。

当分项工程的设计要求与预算定额条件完全相符时，可直接套用定额。这种情况是编制施工图预算中的大多数情况。

在编制单位工程施工图预算的过程中，大多数项目可直接套用预算定额。套用时应注意以下几点：

① 根据施工图纸、设计说明和做法说明、分项工程施工过程划分选择定额项目。

② 要从工程内容、技术特征及施工方法及材料规格上仔细核对，才能够较为准确地确定相应定额项目。

③ 分项工程的名称与计量单位要与预算定额相一致。

2）预算定额的调整与换算。

① 预算定额的换算。当设计要求与定额的工程内容、材料规格、施工方法等条件不完全相符时，不可以直接套用定额。可以根据编制总说明、分部工程说明等有关规定，在定额规定范围内加以调整换算。

定额换算的实质是按定额规定的换算范围、内容和方法，对某些分项工程预算单位的换算。一般只有当设计选用的材料品种和规格同定额规定有出入，并规定允许换算时，才能够换算。在换算的过程中，定额单位产品材料消耗量通常不变，仅调整与定额规定的品种或规格不相同材料的预算价格。经过换算的定额编号在下端应当写个“换”字或“H”。

园林工程预算定额常见的换算类型包括以下六种：

a. 材料价格换算：设计材料价格与定额材料价格不同的换算。

b. 系数增减换算：设计项目内容与定额部分不同，采用增减系数的换算。

c. 混凝土配合比换算：设计混凝土的配合比或强度等级与定额不同的换算。

d. 砂浆配合比换算：设计砂浆的配合比或种类与定额不同的换算。

e. 材料种类换算：设计材料种类与定额不同的换算。

f. 其他换算：除上述5种情况之外的换算。

② 园林工程预算定额换算方法举例

a. 材料价格换算法。当园林工程中，设计采用的材料与相应定额采用的材料价格不同而引起定额、基价变化时，必须进行换算。其换算公式为：

换算后基价＝原定额基价＋(设计材料价格－定额材料价格)×定额材料消耗量

【例 4-1】 某公园假山采用 3.6m 高的黄石假山，定额表如表 4-1 所示，设计采用黄石，其市场价格 150 元/t，试计算该假山定额基价。

湖石、黄石假山堆砌定额表 **表 4-1**

工作内容：放样、选石、运石，调、制、运混凝土（砂浆），堆砌、塞垫嵌缝、清理、养护。

计量单位：t

定额编号				2-9	2-10	2-11	2-12
项目				黄石假山高度(m)			
				1 以内	2 以内	3 以内	4 以内
基价(元)				187	216	364	469
其中	人工费(元)			83.16	105.84	145.53	166.53
	材料费(元)			97.68	102.97	209.37	291.04
	机械费(元)			5.66	7.07	9.55	10.97
名称		单位	单价(元)	数量			
人工	人工	工日	30.00	2.772	3.528	4.851	5.551
材料	黄石	t	80.00	1.000	1.000	1.000	1.000
	现浇混凝土 C5(16)	m^3	154.72	0.060	0.080	0.080	0.100
	水泥浆 1∶2.5	m^3	189.20	0.040	0.050	0.050	0.050
	铁件	kg	5.60	—	—	10.000	15.000
	条石	m^3	1000.00	—	—	0.050	0.100
	水	m^3	1.95	0.170	0.170	0.170	0.250
	其他材料费	元	1.00	0.500	0.800	1.200	1.620
机械	汽车式起重机 5t	台班	353.72	0.016	0.020	0.027	0.031

【解】

从表 4-1 查到：

该项目定额编号：2-12；计量单位：t；定额基价：469 元/t；定额黄石价格：80 元/t。

$$2\text{-}12_H = 469 + (150 - 80) \times 1 = 539\text{元/t}$$

b. 砂浆、混凝土配合比换算法。当园林工程设计采用的砂浆、混凝土配合比与定额规定不同而引起定额基价变化时，必须进行换算。其换算公式为：

换算后基价＝换算前定额基价＋[设计砂浆(或混凝土)单价－定额砂浆(或混凝土)单价]×定额砂浆(或混凝土)用量

c. 系数增减换算法。当园林工程设计的工程项目内容与定额规定的相应内容不完全符合时，定额规定在允许范围内，定额部分或全部采用增减系数调整。其换算公式为：

换算后基价＝换算前基价±定额部分或全部×相应调整系数

3）预算定额的补充。当分项工程的设计要求与定额条件完全不相符或者因设计采用新结构、新材料及新工艺施工方法，在预算定额中没有这类项目，属于定额缺项时，可以编制补充预算定额。

4.3.2 单位估价表

在拟定预算定额的基础上，还需根据所在地区的工资、物价水平计算确定相应的人工、材料和施工机械台班的价格，计算拟定预算定额中每一分项工程的单位预算价格，这一过程称为单位估价表的编制。

单位估价表是由分部分项工程单价构成的单价表，具体的表现形式可以分为工料单价和综合单价等。

1. 工料单价单位估价表

工料单价是确定定额计量单位的分部分项工程的人工费、材料费和机械使用费的费用标准，即直接工程费单价，也称为定额基价。

用定额规定的分部分项工程的人工、材料、机械的消耗量，分别乘以相应的人工价格、材料价格、机械台班价格，进而得到分部分项工程的人工费、材料费和机械费，将三者汇总，得到分部分项工程的单价。

单位估价表应为地区单位估价表，是动态变化的，应随市场价格变化。一般单位估价表以一个城市或一个地区为范围进行编制，在此地区范围内适用。编制单位估价表，可简化设计概算和施工图预算的编制。

2. 综合单价单位估价表

在编制单位估价表时，在汇集分部分项工程人工、材料、机械台班使用费用得到直接工程费单价后，再按照取定的措施费和间接费等费用比率以及取定的利润率和税率，计算出各项相应费用，汇总直接费、间接费、利润和税金，就构成了一定计量单位的分部分项工程的综合单价。

3. 企业单位估价表

作为施工企业，应当依据本企业定额中人工、材料、机械台班消耗定额量，按照相应人工、材料、机械台班的市场价格，计算确定一定计量单位的分部分项工程的工料单价或是综合单价，形成本企业的单位估价表。

4.4 概算定额与概算指标

4.4.1 概算定额

1. 概算定额的概念

概算定额是规定一定计量单位的扩大分项工程或扩大结构构件所需的人工、材料、机械台班消耗量和货币价值的数量标准。它是在相应预算定额的基础上，根据有代表性的设计图纸及标准图、通用图和有关资料，把预算定额中的若干项目合并、综合和扩大后编制而成的，以达到简化工程量计算和编制设计概算的目的。

在编制概算定额时，为了适应规划、设计、施工各阶段的要求，概算定额和预算定额的水平要基本相同，即反映社会平均水平。但因概算定额是在预算定额的基础上综合扩大而成，所以两者之间必然产生并允许留有一定的幅度差，这种扩大的幅度差通常在5%以内，以便于根据概算定额编制的设计概算能对施工图预算起控制作用。目前为止，全国还没有编制概算定额的指导性统一规定，各省、市、自治区的有关部门是在总结各地区经验的基础上编制概算定额的。

2. 概算定额的内容

各地区概算定额的形式、内容各有特点，但通常包括以下内容：

(1) 总说明。总说明主要阐述概算定额的编制依据、编制原则、有关规定、适用范围、取费标准及概算造价计算方法等。

(2) 分章说明。分章说明主要阐明本章所包括的定额项目和工程内容，规定了工程量计算规则等。

(3) 定额项目表。定额项目表是概算定额的主要内容，由若干分节定额表组成。各节定额表表头注有工作内容，定额表当中列有概算基价、计量单位、各种资源消耗量指标与所综合的预算定额的项目与工程量等。

3. 概算定额的编制

(1) 概算定额的编制依据

1) 现行的人工工资标准、材料预算价格、机械台班预算价格以及各项取费标准。

2) 现行的设计标准、规范和施工技术规范、规程等法规。

3) 现行的园林景观工程预算定额及概算定额。

4) 有代表性的设计图纸和标准设计图集、通用图集。

5) 有关的施工图预算及工程结算等经济资料。

(2) 概算定额的编制方法

1) 定额项目的划分。定额项目的划分应当将简明和便于计算作为原则，在确保准确性的前提下以主要结构分部工程为主，合并相关联的子项目。

2) 定额的计量单位。定额的计量单位基本上按照预算定额的规定执行，但此单位中所包含的工程内容扩大。

3) 定额数据的综合取定。因为概算定额是在预算定额的基础上综合扩大而成，所以在工程的标准和施工方法确定、工程量计算和取值上均需综合考虑，并结合概预算定额水平的幅度差而对其适当扩大，还要考虑到初步设计的深度条件编制。

4.4.2 概算指标

1. 概算指标的概念

概算指标按照项目，可分为单项工程概算指标和单位工程概算指标等；按照费用，可分为直接费概算指标和工程造价指标。概算指标在建筑工程中是以建筑面积（$1m^2$ 或 $100m^2$）或建筑体积（$1m^2$ 或 $100m^2$）、构筑物以座为计量单位，规定所需人工、材料、机械台班消耗量及资金数量的定额指标。因为概算指标是按整个建筑物或构筑物为对象进行编制，所以它比概算定额更加综合。按照概算指标来编制设计概算也就更为简便，概算指标中各消耗量的确定，主要来自各种工程的概预算和决算的统计资料。

2. 概算指标的内容

(1) 编制说明。编制说明从总体上说明概算指标的作用、编制依据、适用范围及使用方法等。

(2) 示意图或文字说明。示意图或文字说明表明工程的结构类型、建筑面积、层数、层高等，工业项目还表示出吊车起重能力等。

(3) 构造内容及工程量指标。构造内容及工程量指标说明此工程项目的构造内容和相应计算单位的扩大分项工程的工程量指标，以及人工、主要材料消耗量指标。

（4）经济指标。经济指标说明此单项工程单价指标及其中给水排水、土建、采暖、电气照明等各单位工程单价指标。

3. 概算指标的编制

概算指标构成的数据，大多来自各种工程概预算或决算资料。在编制时，首先要选定有代表性的工程图纸，根据预算定额或概算定额编制工程预算或概算，然后求出单位造价指标及工、料消耗指标，或是根据工程决算的统计资料，经过综合、分析、调整后，求出各项概算指标。

4. 概算指标的应用

概算指标的应用相对于概算定额具有更大的针对性。因其是一种综合性很强的指标，无法与拟建工程的建筑标准、自然条件、结构特征、施工条件完全一致。所以，在选用概算指标时要十分慎重，注意选用的指标与设计对象在各个方面尽量一致或接近，这样计算出的各种资源消耗量才较为可靠。当设计对象的结构特征与概算指标的规定有局部不同时，则需要对概算指标的局部内容进行调整换算，再用修正后的概算指标计算，以提高设计概算的准确性。

4.5 投资估算指标

4.5.1 投资估算指标的概念及作用

1. 投资估算指标的概念

投资估算指标是确定和控制建设项目全过程各项投资支出的技术经济指标，是编制及确定项目投资估算的基础和依据。与概预算定额相比，估算指标以独立的建设项目、单项工程或单位工程为对象，综合项目全过程投资和建设中各类成本和费用，反映其扩大的技术经济指标，既是定额的一种表现形式，但又不同于其他计价定额。

2. 投资估算指标的作用

估算指标作为项目前期确定投资估算的一种扩大的技术经济指标，具有比较强的综合性、概括性，其作用如下：在编制项目建议书和可行性研究阶段，投资估算指标是多方案比选、优化设计方案，正确编制投资估算的依据；在建设项目评价、决策过程中，投资估算指标是评价建设项目投资可行性、分析投资效益的主要经济指标；在实施阶段，投资估算指标是限额设计和控制工程造价的依据。

在国家控制固定资产投资规模、引导投资方向，制定中长期投资计划的工作当中，投资估算指标也起着重要作用。

4.5.2 投资估算指标的内容

投资估算指标的内容因行业不同而各异，通常分为建设项目综合指标、单项工程指标和单位工程指标三个层次。

（1）建设项目综合指标。指按照规定应列入建设项目投资的，从立项筹建到竣工验收交付使用的全部投资额。建设项目综合指标通常以项目的综合生产能力单位投资表示，如元/t、元/kW等。

（2）单项工程指标。指规定应当列入能够独立发挥生产能力或使用效益的单项工程全部投资额。单项工程指标通常以单位工程生产能力单位投资来表示。例如，锅炉房以元/t

（蒸汽）表示；供电站以元/kW 表示；供水站以元/m^3 表示；工业厂房及民用建筑区别不同结构形式，以元/m^2 表示。

（3）单位工程指标。按照规定应当列入能独立设计、施工的工程项目费用，即建筑安装工程费用。

单位工程指标通常按照如下形式表示：房屋区别不同结构形式，以元/m^2 表示；道路区别不同构造层、面层，以元/m 表示；水塔区别不同结构、容积，以元/座表示；管道区别不同材质、管径，以元/m 表示。

4.5.3 投资估算指标的编制

1. 投资估算指标的编制原则

（1）典型工程的选取必须遵循国家技术经济政策，符合国家技术发展方向。对建设项目的建设标准、工艺标准、建筑标准及占地标准、劳动定员标准等确定，既要尽量地采用代表科技发展方向的最新成果，提高生产能力和使用功能，反映正常建设条件下的造价水平，也要能够适应今后若干年的科技发展水平。

（2）投资估算指标的编制要与项目建议书、可行性研究报告的编制深度相适应。

（3）投资估算指标的编制要反映不同行业、不同项目及不同工程的特点。

（4）投资估算指标的编制要考虑充分。因为建设条件、实施时间、建设期限等的不同，导致指标的量差、价差、利息差、费用差等“动态”诸多因素对投资估算的影响。事实证明，条件完全相同的工程是不存在的，对众多的动态因素给予必要的调整办法及调整参数，是扩大投资估算指标的覆盖面、提高适应性所必不可少的条件。

（5）投资估算指标反映的是建设项目从决策直至竣工交付使用全过程所需要的投资。而实际支付是否合理，需对这些实际支付所反映的数据和资料进行必要的定性、定量分析，去伪存真地进行整理，源于实践而不消极地反映实践。只有这样，编制出来的投资估算指标才能指导以后的同类项目。

（6）投资估算指标是国家对固定资产投资由直接控制转变为间接控制的一项重要经济指标，具有宏观指导作用。

2. 投资估算指标的编制依据

投资估算指标的编制工作，是一项涉及面广、情况复杂而又非常具体、细致的技术经济基础工作，具有较强的政策性。其编制工作除必须依据国家发展国民经济的中长期规划、技术发展政策和国家规定的建设标准和规模标准、工艺标准、占地标准、定员标准等外，还必须依指标的编制内容、不同的层次确定具体的编制依据。因产品方案、工艺流程、建设规模和建设条件各不相同，编制依据也不同。

（1）依照不同的产品方案、工艺流程和生产规模，确定建设项目主要生产、辅助生产、公用设施及生活福利设施等单项工程内容、规模、数量以及结构形式，选择相应的具有代表性、符合技术发展方向、数量足够的已经建成或正在建设的并具有重要使用功能的工程设计图纸及其工程量清单、设备清单、主要材料用量及预算、决算资料。

（2）国家及主管部门制订颁发的建设项目用地定额、建设项目工期定额、单项工程施工工期定额以及生产定员标准等。

（3）编制年度的现行全国统一、地区统一的各类工程概预算定额、各种费用标准。

（4）编制年度的各类工资标准、材料预算价格以及工程造价指数。

（5）设备价格。

3. 投资估算指标的编制步骤

（1）调查收集整理资料。调查收集与编制内容有关的已经建成或是正在建设的工程设计图纸资料、施工资料、概算、预算、决算资料，这些资料是编制工作的基础。资料收集得越多，反映出的问题越多，编制工作考虑得越全面，越有利于提高实用性和覆盖面。同时，对调查收集的资料要去粗取精、去伪存真并加工整理，按照编制年度的现行定额、费用标准和价格，调整好编制年度的造价水平及相互比例。

（2）平衡调整。因调查收集的资料来源不同，虽然经过分析整理，但仍难以避免因设计方案、建设条件和建设时间上的差异所带来的影响，会出现数据反常现象以及重复、漏项和水平上的较大变化，所以需要将这些资料进行适当平衡和调整。

（3）测算审查。测算是将新编指标和选定工程的概算，在同一价格条件下进行比较，检验其“最差”的偏离程度是否在允许偏差的范围内，如偏离过大，要查找原因进行修正，以确保指标的确切、实用。测算同时也是对指标编制质量进行的一次系统检查，应当由专人进行，以保持测算口径的统一，在此基础上组织有关人员全面审查定稿。

5 园林景观工程施工图预算

5.1 园林景观工程施工图预算概述

5.1.1 园林施工图预算的概念

园林施工图预算是在设计的施工图完成后，以施工图为依据，根据预算定额、费用标准以及工程所在地区的人工、材料、施工机械设备台班的预算价格或其他取费文件等编制的单位工程或单项工程预算价格的文件。

5.1.2 园林施工图预算的计价模式

按照预算造价的计算方式及管理方式的不同，园林施工图预算可划分为两种计价模式，即传统计价模式和工程量清单计价模式。

1. 传统计价模式

采用国家、部门或地区统一规定的定额和取费标准进行工程造价计价的模式，一般称为定额计价模式。传统计价模式下，由主管部门制定工程预算定额，并且规定间接费的内容和取费标准。传统计价模式的工、料、机消耗量是根据“社会平均水平”综合测定，取费标准是根据不同地区价格水平平均测算，企业自主报价的空间很小，无法结合项目具体情况、自身技术管理水平和市场价格自主报价，也无法满足招标人对建筑产品质优价廉的要求。同时，因工程量计算由投标的各方单独完成，计价基础不统一，不利于招标工作的规范性。工程完工后，工程结算烦琐，易引起争议。

2. 工程量清单计价模式

工程量清单计价模式是指按照工程量清单规范规定的全国统一工程量计算规则，由招标人提供工程量清单和有关技术说明，投标人根据企业自身的定额水平和市场价格进行计价的模式。

5.1.3 园林施工图预算的作用

1. 施工图预算对建设单位的作用

（1）在施工图设计阶段，是确定建设工程项目造价的依据，是设计文件的组成部分。

（2）园林施工图预算是建设单位在园林施工期间安排建设资金计划和使用建设资金的依据。

（3）园林施工图预算是招投标的重要基础，既是园林工程量清单的编制依据，也是标底编制的依据。

（4）园林施工图预算是园林工程拨付进度款及办理结算的依据。

2. 施工图预算对施工单位的作用

（1）施工图预算是确定投标报价的依据。

（2）施工图预算是施工单位进行施工准备的依据。

（3）施工图预算是控制施工成本的依据。

3. 施工图预算对其他单位的作用

（1）对园林工程咨询单位而言，尽量客观、准确地为委托方做出施工图预算，是其业务水平、素质和信誉的体现。

（2）对于园林工程造价管理部门而言，施工图预算是监督检查执行定额标准、合理确定园林工程造价、测算造价指数以及审定招标工程标底的重要依据。

5.2 园林景观工程施工图预算编制

5.2.1 园林景观工程施工图预算编制依据

（1）一般规定。编制园林施工图预算必须深入现场进行充分调研，使预算的内容既能够反映实际，又能够满足施工管理工作的需要。同时，必须严格遵守国家建设的各项方针、政策及法令，做到实事求是、不弄虚作假，并注意不断研究和改进编制方法，提高效率，准确、及时地编制出高质量的预算，以满足工程建设的需要。

（2）施工图纸、设计说明书和标准图集。经审定的施工图纸、设计说明书和标准图集，完整地反映了工程的具体内容，各分部分项工程的具体做法、结构尺寸、技术特征及施工方法，是编制施工图预算的重要依据。

（3）相应预算定额和地区单位估价表。国家及各地区均颁发有现行仿古建筑及园林工程预算定额及计价表和相应的工程量计算规则，是编制施工图预算确定分项工程子目、计算工程量、计算工程费的主要依据。

（4）施工组织设计或施工方案。施工组织设计或施工方案中包括了与编制施工图预算必不可少的有关资料，如建设地点的土质、地质情况，土石方开挖的施工方法以及余土外运方式与运距，施工机械使用情况、植物栽植措施、养护情况等。

（5）材料、人工、机械台班预算价格及市场价格。材料、人工、机械台班预算价格是构成综合单价的主要因素，尤其是材料费在工程成本中占的比重大，而且在市场经济条件下，材料、人工、机械台班的价格是随市场而变化的。为了使预算造价尽量符合实际，合理确定材料、人工、机械台班预算价格是编制施工图预算的重要依据。

（6）项目有关的设备、材料供应合同、价格以及相关说明。

（7）项目所在地区有关的气候、水文、地质地貌等自然条件。

（8）预算员工作手册及有关工具书。预算员工作手册和工具书包括计算各种结构件面积和体积的公式，钢材、木材等各种材料规格、型号及用量数据，各种单位换算比例，特殊断面、结构件工程量速算方法及金属材料质量表等。

5.2.2 园林景观工程施工图预算编制方法

园林施工图预算的编制方法包括单价法和实物量法。单价法分为定额单价法和工程量清单单价法。

1. 定额单价法

定额单价法就是用地区统一单位估价表中的各分项工料预算单价乘以相应的各分项工程的工程量，求和后得到包括人工费、材料费和机械使用费在内的单位工程直接工程费。措施费、间接费、利润及税金可以根据统一规定的费率乘以相应的计取基数求得。将以上费用汇总后，得到单位工程的施工图预算。

定额单价法编制的步骤如下：

（1）准备资料，熟悉施工图。准备的资料包括施工组织设计、预算定额、工程量计算标准、取费标准、地区材料预算价格等。

（2）计算工程量

1）要根据工程内容和定额项目，列出需要计算工程量的分部分项工程目录。

2）根据计算顺序及计算规则列出分部分项工程量的计算式。

3）根据图纸上的设计尺寸及有关数据，代入计算式计算。

4）对计算结果进行整理，使之与定额中相应的分部分项工程量要求的计量单位保持一致，并予以核对。

（3）套定额单价，计算直接工程费。核对工程量计算结果后，利用地区统一单位估价表中的分项工程定额单价，计算出各分项工程的合价，汇总求出单位工程直接工程费。在计算时需要注意以下内容：

1）分项工程的名称、规格、计量单位必须与预算定额工料单价或单位计价表中所列的内容完全一致，以防重套、漏套或错套工料单价而产生偏差。

2）分项工程的主要材料品种与预算单价或单位估价表中规定材料不一致时，不可直接套用预算单价，需要按照实际使用材料价格换算预算单价。

3）分项工程施工工艺条件与预算单价或单位估价表不一致而造成人工、机械的数量增减时，通常调量不换价。

4）如果分项工程不能直接套用定额、无法换算和调整时，应当编制补充单位计价表。

5）定额说明允许换算与调整以外的部分不得任意修改。

（4）编制工料分析表。根据各分部分项工程项目实物工程量和预算定额中项目所列的用工及材料数量，计算各分部分项工程所需人工及材料数量，汇总后算出此单位工程所需各类人工、材料的数量。

（5）按照计价程序计取其他费用，并汇总造价。根据规定的税率、费率和相应的计取基础，分别计算措施费、间接费、利润、税金等。将以上费用累计后进行汇总，求出单位工程预算造价。

（6）复核。对项目填列、工程量计算公式，计算结果、套用的单价、采用的各项取费费率、数字计算、数据精确度等进行全面复核，以便及时发现差错、及时修改，提高预算的准确性。

（7）填写封面、编制说明。封面应当写明工程编号、工程名称、工程量、预算总造价和单位工程造价、编制单位名称、负责人和编制日期及审核单位的名称、负责人和审核日期等。编制说明主要应当写明预算所包括的工程内容范围、依据的图纸编号、承包企业的等级和承包方式、有关部门现行的调价文件号、套用单价需要补充说明的问题以及其他需说明的问题等。

现在编制施工图预算时要特别注意，所用的工程量和人工、材料量是统一的计算方法和基础定额，所用的单价是地区性的（定额、价格信息、价格指数和调价方法）。因为在市场经济条件下，价格是变动的，要特别重视定额价格的调整。

定额单价法的编制步骤如图 5-1 所示。

2. 工程量清单单价法

工程量清单单价法是根据国家统一的工程量计算规则计算工程量，采用综合单价的形

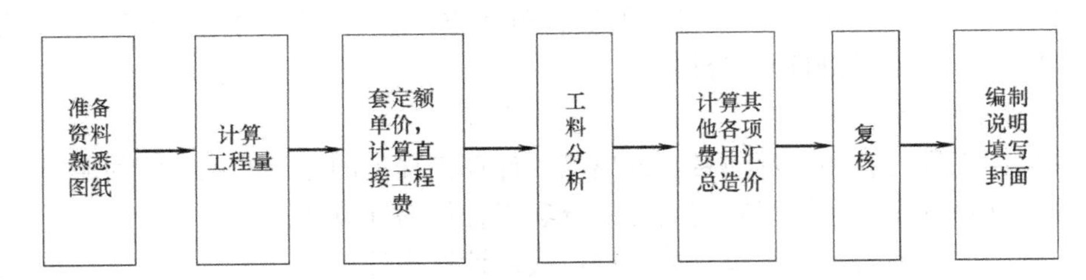

图 5-1　定额单价法的编制步骤

式计算工程造价的方法。

综合单价法是指分部分项工程量的单价为全费用单价，既包括直接费、间接费、利润及税金，也包括合同约定的所有工料价格变化风险等一切费用，是一种国际上通行的计价方式。

按照单价综合内容的不同，综合单价可以分为全费用综合单价和部分费用综合单价。

（1）全费用综合单价。全费用综合单价即单价中综合了直接工程费、措施费、管理费、规费、利润和税金等，以各分项工程量乘以综合单价的合价汇总后，就生成了工程承发包价。

（2）部分费用综合单价。我国目前实行的工程量清单计价采用的综合单价是部分费用综合单价，分部分项工程单价中综合了直接工程费、管理费、利润，并且考虑了风险因素，单价中未包括措施费、规费及税金，是不完全费用综合单价。以各分项工程量乘以部分费用综合单价的合价汇总，再加上项目措施费、规费及税金后，生成工程承发包价。

3. 实物量法

实物量法编制园林施工图预算，是指按照工程量计算规则和预算定额确定分部分项工程的人工、材料、机械消耗量后，按照资源的市场价格计算出各分部分项工程的工料单价，以工料单价乘以工程量汇总得到直接工程费，再按照市场行情计算措施费、间接费、利润及税金等，汇总得到单位工程费用。

实物量法编制园林施工图预算是先算工程量、人工、材料量、机械台班（即实物量），再计算费用和价格的方法。这种方法适应市场经济条件下编制施工图预算的需要，其编制步骤如下：

（1）准备资料，熟悉施工图纸。

（2）计算工程量。

（3）套用消耗定额，计算人工、材料、机械数量。定额消耗中的“量”在相关规范和工艺水平等未有较大变化之前具有相对稳定性，据此确定符合国家技术规范及质量标准要求，并反映当时施工工艺水平的分项工程计价所需要的人工、材料、施工机械的消耗量。

（4）计算并汇总人工费、材料费、机械使用费。在计算出分部分项工程的人工、材料、机械消耗量后，根据当时当地工程造价管理部门定期发布的或企业根据市场价格确定的人工工资单价、材料预算价格、施工机械台班单价分别乘以人工、材料、机械消耗量，汇总即为单位工程人工费、材料费及施工机械使用费。

（5）计算措施费、间接费、利润和税金并进行汇总，得出单位工程造价。

（6）复核。

（7）填写封面、编制说明。

实物量法的编制步骤如图 5-2 所示。

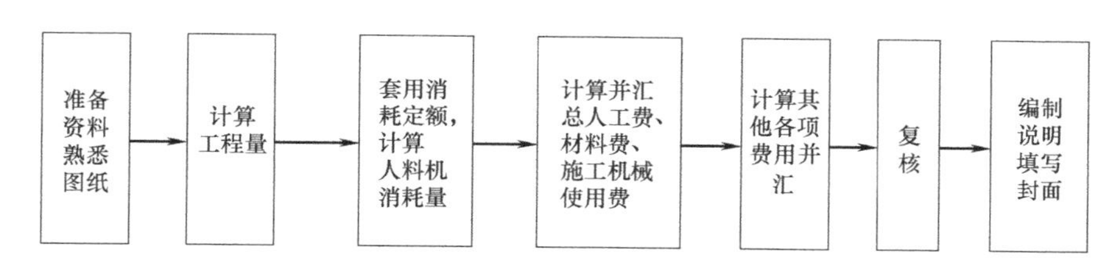

图 5-2　实物量法的编制步骤

实物量法编制园林施工图预算的步骤与预算单价法基本相似，但在具体计算人工费、材料费和机械使用费及汇总三种费用之和方面具有一定的区别。实物量法编制园林施工图预算所用人工、材料和机械台班的单价都是当时当地的实际价格，编制出的预算可以较准确地反映实际水平，误差较小，适用于市场经济条件波动较大的情况，但工作量比较大，计算过程烦琐。

5.3　园林景观工程施工图预算审查

5.3.1　园林景观工程施工图预算审查的内容

园林施工图预算审查对降低工程造价具有现实意义，既利于节约工程建设资金，又利于发挥领导层、银行的监督作用和积累、分析各项技术经济指标。

审查园林施工图预算的重点包括：工程量计算是否准确，分部、分项单价套用是否正确，各项取费标准是否符合现行规定等方面。

（1）审查编制是否符合现行国家、行业、地方政府的有关法律、法规及规定要求。

（2）审查工程量计算的准确性，工程量计算规则与清单计价规范规则或定额规则的一致性。

（3）审查工程图预算编制过程中，各种计价依据是否恰当，各项费率计取是否正确。

（4）审查各种要素市场价格选用是否合理。

（5）审查施工图预算是否超过设计概算。

5.3.2　园林景观工程施工图预算审查的方法

1. 逐项审查法

逐项审查法又称为全面审查法，即按照定额顺序或施工顺序，对各分项工程中的工程细目逐项详细审查的一种方法。其优点是全面、细致，审查质量高、效果好；其缺点是工作量大，时间较长。此种方法适合于一些工程量较小、工艺较为简单的工程。

2. 标准预算审查法

标准预算审查法就是对利用标准图纸或通用图纸施工的工程，先集中力量编制标准预算，以此为准来审查工程预算的一种方法。按照标准设计图纸或通用图纸施工的工程，通常上部结构和做法相同，只是根据现场施工的条件或地质情况的不同，仅对基础部分做局部改变。凡这样的工程以标准预算为准，对局部修改部分单独审查即可，无须逐一详细审查。此方法的优点是时间短、效果好、易定案；缺点是适用范围小，仅适用于采用标准图纸的工程。

3. 分组计算审查法

分组计算审查法就是将预算中有关项目按照类别划分为若干组，利用同组中的一组数据审查分项工程量的一种方法。这种方法首先把若干分部分项工程按相邻且有一定内在联系的项目进行编组，利用同组分项工程间具有相同或相近计算基数的关系，审查一个分项工程数量，由此判断同组中其他几个分项工程的准确程度。此法的特点是审查速度快、工作量小。

4. 对比审查法

对比审查法是当工程条件相同时，用已完工程的预算或未完但已经过审查修正的工程预算对比审查拟建工程的同类工程预算的一种方法。

5. 筛选审查法

筛选审查法是能够较快发现问题的一种方法。虽然建筑工程的面积及高度不同，但其各分部分项工程的单位建筑面积指标变化不大。将这样的分部分项工程加以汇集、优选，找出其单位建筑面积工程量、单价、用工的基本数值，归纳为工程量、价格和用工三个单方基本指标，并注明基本指标的适用范围。这些基本指标用以筛选各分部分项工程，对不符合条件的应详细审查。如果审查对象的预算标准与基本指标的标准不符，就应对其进行调整。筛选审查法的优点是简单易懂、便于掌握、审查速度快、便于发现问题，但问题出现的原因尚需要继续审查。此方法适用于审查住宅工程或不具备全面审查条件的工程。

6. 重点审查法

重点审查法就是抓住工程预算中的重点进行审核的方法。审查的重点通常是工程量大或造价较高的各种工程、补充定额、计取的各项费用（计取基础、取费标准）等。重点审查法的优点是突出重点、审查时间短、效果好。

5.3.3 园林景观工程施工图预算审查的步骤

1. 审查前的准备工作

（1）熟悉施工图纸。施工图纸是编制预算分项工程数量的重要依据，必须全面熟悉和了解。一是核对所有图纸，清点无误后依次识读；二是参加技术交底，解决图纸中的疑难问题，直至完全掌握图纸。

（2）了解预算包括的范围。根据预算编制说明，了解预算包括的工程内容。例如，配套设施、室外管线、道路及会审图纸后的设计变更等。

（3）弄清编制预算所采用的单位工程估价表。任何单位估价表或预算定额均有一定的适用范围。根据工程性质，搜集熟悉相应的单价、定额资料，特别是市场材料单价和取费标准等。

2. 选择合适的审查方法，审查相应内容

因为工程规模、繁简程度不同，施工企业情况也不同，所编工程预算繁简和质量也不同，所以需要针对情况选择相应的审查方法审核。

3. 整理审查资料并调整定案

经过审查如发现有差错，需要进行增加或核减的，与编制单位逐项核实，统一意见后进行相应的修正。

6　园林景观工程工程量清单计价

6.1　工程量计算

6.1.1　工程量计算概述

1. 工程量的概念

工程量是以规定的物理计量单位或自然计量单位所表示的各个具体分项工程或构配件的数量。

物理计量单位是指法定计量单位，如长度单位“m”、面积单位“m^2”、体积单位“m^3”、质量单位“kg”等。自然计量单位，通常是以物体的自然形态表示的计量单位，如“套”、“组”、“台”、“件”及“个”等。

工程量是确定建筑工程费用、编制施工规划、安排工程施工进度、编制材料供应计划及进行工程统计和经济核算的重要依据。

2. 工程量计算依据

为了确保工程量计算结果的统一性和可比性，防止工程结算时出现不必要的纠纷，在工程量计算时应严格按照一定的计算依据进行。主要包括以下几个方面：

（1）工程量清单计价规范中详细规定了各分部分项工程中实体项目的工程量计算规则，包括项目划分、项目特征、工程内容描述、计量方法、计量单位等。分部分项工程量的计算应严格按照这一规定进行。

（2）工程设计图纸、设计说明、设计变更、图纸答疑、会审记录等。

（3）经审定的施工组织设计及施工技术方案、专项方案等。

（4）招标文件的有关说明及合同条件等。

6.1.2　工程量计算步骤

通常情况下应当按下列步骤计算各分部分项工程的工程量。

1. 列出计算式

园林景观工程项目列出后，根据园林景观工程施工图所示的部位、尺寸和数量，按照一定的计算顺序和工程量计算规则，列出该分项工程量计算式。计算式应力求简单明了，并按照一定的次序排列，便于审查核对。例如，计算面积时，应为：宽×高；计算体积时，应为：长×宽×高。

2. 演算计算式

分项工程量计算式全部列出后，对各计算式进行逐式计算，工程量的计算结果，除了木材、钢材取三位小数外，其余通常取两位小数。然后再累计各算式的数量，其和就是此分项工程的工程量，将其填入工程量计算表中的“计算结果”栏内。

3. 调整计量单位

计算所得工程量，通常都是以“m”、“m^2”、“m^3”或“kg”为计量单位，但预算定额一般是以“100m”、“$100m^2$”、“$100m^3$”或“10m”、“$10m^2$”、“$10m^3$”或“t”等为计量单位。此时，就要将计算所得的工程量，按照预算定额的计量单位调整，使分项工程计算结果的计量单位与预算定额的计量单位相一致。

6.1.3 工程量计算原则

1. 计算口径必须一致

根据园林景观工程施工图列出的分项工程项目的口径（分项工程项目所包括的工作内容及范围），必须与预算定额中相应分项工程项目的口径相一致，才能够准确地套用预算定额单价。

2. 计算规则必须一致

即工程量的计算规则必须与现行定额规定的计算规则一致。现行定额规定的工程量计算规则是综合和确定定额各项消耗指标的依据，必须严格遵守才能够使计算出的工料消耗量及分项工程费用符合工程实际。例如，一砖半砖墙的厚度一般施工图中所标注出的尺寸是370mm，但应当以计算规则所规定的365mm进行计算。

3. 计量单位必须一致

即工程量计算结果的计量单位必须保持与预算定额中规定的计量单位相一致。只有这样才能准确地套用预算定额中的预算单价。

4. 必须列出计算式

只有计算式正确才能够保证计算结果的准确，列出计算式便于计算、校验和复核。在列出计算式时应表达清楚，详细标出计算式各项内容，注明计算结构构件的所在部位和轴线，并写在计算式上，作为计算底稿。工程量计算式应力求简单明了、醒目易懂，并要按照一定的次序排列，以便审核及校对。

5. 计算必须准确

工程量计算的精度将直接影响着园林景观工程预算造价的精度，因此数量计算要准确，一般规定工程量的结余数，除土石方、整体面层、刷浆、油漆等可以取整数外，其他工程取小数后两位（小数可以四舍五入），但木结构和金属结构工程应当取到小数点后三位。

6. 必须自我检查复核

工程量计算完毕后，必须自我复核。检查其项目、算式、数据及小数点等有无错误及遗漏，以避免疏漏产生的错误，以防止预算审查时返工重算。

6.2 工程量清单

6.2.1 工程量清单的概念

根据《建设工程工程量清单计价规范》（GB 50500—2013）的规定，工程量清单是载明建设工程分部分项工程项目、措施项目、其他项目的名称和相应数量以及规费、税金项目等内容的明细清单。

6.2.2 工程量清单的编制

1. 一般规定

（1）招标工程量清单应由具有编制能力的招标人或受其委托、具有相应资质的工程造价咨询人编制。

（2）招标工程量清单是工程量清单计价的基础，应当作为编制招标控制价、投标报价、计算或调整工程量、索赔等的依据之一。

（3）招标工程量清单必须作为招标文件的组成部分，其准确性及完整性由招标人负责。

（4）招标工程量清单应以单位（项）工程为单位编制，应由分部分项工程量清单、措施项目清单、其他项目清单、规费及税金项目清单组成。

（5）编制招标工程量清单应依据：

1）国家或是省级、行业建设主管部门颁发的计价定额和办法。

2）《建设工程工程量清单计价规范》（GB 50500—2013）和相关工程的国家计量规范。

3）建设工程设计文件及相关资料。

4）与建设工程项目有关的标准、规范、技术资料。

5）拟定的招标文件。

6）施工现场情况、地勘水文资料、工程特点及常规施工方案。

7）其他相关资料。

2. 分部分项工程项目

分部分项工程项目清单必须载明项目编码、项目名称、项目特征、计量单位和工程量，必须根据相关工程现行国家计量规范规定的项目编码、项目名称、项目特征、计量单位及工程量计算规则编制。

3. 措施项目

措施项目清单必须根据相关工程现行国家计量规范的规定编制。措施项目清单应当根据拟建工程的实际情况列项。

4. 其他项目

（1）其他项目清单应按照下列内容列项：

1）暂列金额：暂列金额是招标人在工程量清单中暂定并包括在合同价款中的一笔款项。用于工程合同签订时尚未确定或不可预见的所需材料、工程设备、服务的采购，施工中可能发生的工程变更、合同约定调整因素出现时的合同价款调整以及发生的索赔、现场签证确认等的费用。

2）暂估价：暂估价是招标人在工程量清单中提供的用于支付必然发生但暂时无法确定价格的材料、工程设备的单价及专业工程的金额。

3）计日工：计日工是在施工过程中，承包人完成发包人提出的工程合同范围以外的零星项目或工作，按照合同中约定的单价计价的一种方式。

4）总承包服务费：总承包服务费是总承包人为配合协调发包人进行的专业工程发包，对发包人自行采购的材料、工程设备等进行保管及施工现场管理、竣工资料汇总整理等服务所需要的费用。

（2）暂列金额应根据工程特点按照有关计价规定估算。

（3）暂估价中的材料、工程设备暂估价应根据工程造价信息或参照市场价格估算，列出明细表；专业工程暂估价应分不同专业，按照有关计价规定估算，列出明细表。

（4）计日工应列出项目名称、计量单位及暂估数量。

(5) 总承包服务费应列出服务项目及其内容等。

(6) 出现第 (1) 条未列的项目，应根据工程实际情况补充。

5. 规费

(1) 规费项目清单应当按照下列内容列项：

1) 社会保险费：包括养老保险费、失业保险费、医疗保险费、生育保险费和工伤保险费。

2) 住房公积金。

3) 工程排污费。

(2) 出现第 (1) 条未列的项目，应当根据省级政府或省级有关部门的规定列项。

6. 税金

(1) 税金项目清单应当包括以下内容：

1) 营业税。

2) 城市维护建设税。

3) 教育费附加。

4) 地方教育附加。

(2) 出现第 (1) 条未列的项目，应当根据税务部门的规定列项。

6.3 工程量清单计价

6.3.1 工程量清单计价的概念

工程量清单计价是指投标人完成由招标人提供的工程量清单所需要的全部费用，包括分部分项工程费、措施项目费、其他项目费和规费以及税金。

6.3.2 工程量清单计价方法

工程量清单计价方法是在建设工程招标中，由具有编制能力的招标人或受其委托、具有相应资质的工程造价咨询人编制反映工程实体消耗及措施性消耗的工程量清单，并作为招标文件的一部分提供给投标人，由投标人根据工程量清单自主报价的计价方式。

6.3.3 工程量清单计价流程

工程量清单计价过程可以分为工程量清单编制阶段（第一阶段）和工程量清单报价阶段（第二阶段）。

(1) 第一阶段。招标单位在统一的工程量计算规则的基础上制定工程量清单项目，并根据具体工程的施工图纸统一计算出各个清单项目的工程量。

(2) 第二阶段。投标单位根据各种渠道获得的工程造价信息及经验数据，结合工程量清单计算得到工程造价。

工程量清单计价是多方参与共同完成的，不像施工图预算书可以由一个单位编报。工程量清单计价编制流程，如图 6-1 所示。

6.3.4 工程量清单计价的编制

1. 一般规定

(1) 计价方式

1) 使用国有资金投资的建设工程发承包，必须采用工程量清单计价。

2) 非国有资金投资的建设工程，宜采用工程量清单计价。

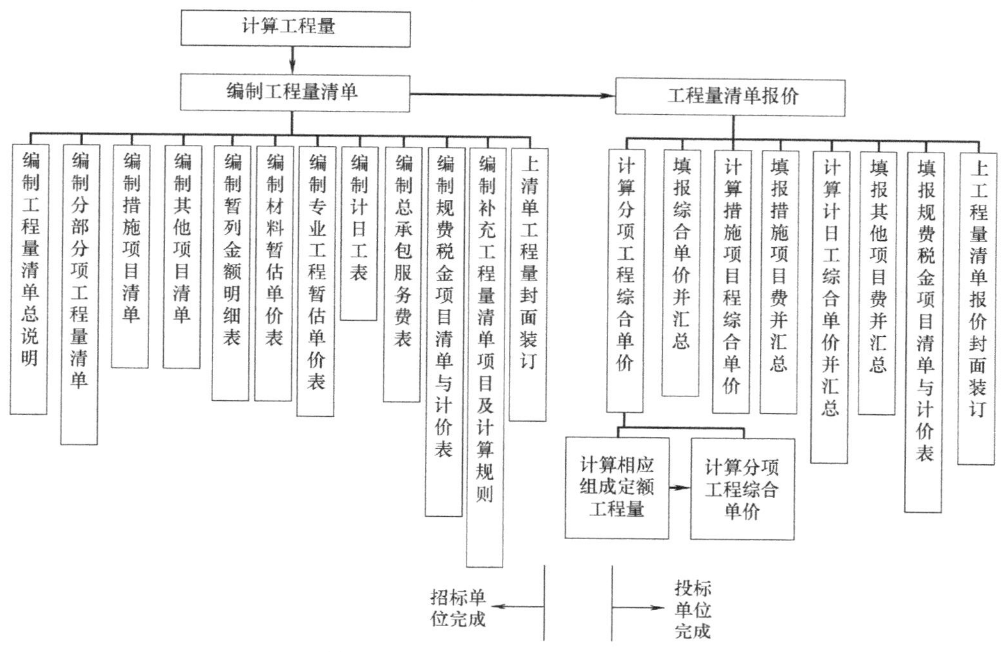

图 6-1 工程量清单计价编制流程

3）工程量清单应采用综合单价计价。

4）不采用工程量清单计价的建设工程，应当执行《建设工程工程量清单计价规范》（GB 50500—2013）除工程量清单等专门性规定外的其他规定。

5）措施项目中的安全文明施工费必须按照国家或省级、行业建设主管部门的规定计算，不得作为竞争性费用。

6）规费和税金必须按照国家或省级、行业建设主管部门的规定计算，不得作为竞争性费用。

（2）发包人提供材料和工程设备

1）发包人提供的材料和工程设备（以下简称甲供材料）应当在招标文件中按照《建设工程工程量清单计价规范》（GB 50500—2013）附录 L.1 的规定填写《发包人提供材料和工程设备一览表》，写明甲供材料的名称、数量、规格、单价、交货方式、交货地点等。承包人投标时，甲供材料单价应当计入相应项目的综合单价中，签约后，发包人应当按照合同约定扣除甲供材料款，不予支付。

2）承包人应当根据合同工程进度计划的安排，向发包人提交甲供材料交货的日期计划。发包人按照计划提供。

3）发包人提供的甲供材料如规格、数量或质量不符合合同要求，或因发包人原因发生交货日期延误、交货地点及交货方式变更等情况的，发包人应当承担由此增加的费用和（或）工期延误，并应当向承包人支付合理利润。

4）发承包双方对甲供材料的数量发生争议无法达成一致的，应当按照相关工程的计价定额同类项目规定的材料消耗量计算。

5）如果发包人要求承包人采购已在招标文件中确定为甲供材料的，材料价格应当由发承包双方根据市场调查确定，并应当另行签订补充协议。

（3）承包人提供材料和工程设备

1）除了合同约定的发包人提供的甲供材料外，合同工程所需要的材料和工程设备应当由承包人提供，承包人提供的材料和工程设备均应当由承包人负责采购、运输以及保管。

2）承包人应当按照合同约定将采购材料和工程设备的供货人以及品种、规格、数量和供货时间等提交发包人确认，并负责提供材料和工程设备的质量证明文件，满足合同约定的质量标准。

3）对承包人提供的材料和工程设备经检测不符合合同约定的质量标准，发包人应立即要求承包人更换，由此增加的费用和（或）工期延误应由承包人承担。对发包人要求检测承包人已具有合格证明的材料、工程设备，但经检测证明该项材料、工程设备符合合同约定的质量标准，发包人应承担由此增加的费用和（或）工期延误，并向承包人支付合理利润。

（4）计价风险

1）建设工程发承包。必须在招标文件、合同中明确计价中的风险内容及其范围。不得采用无限风险、所有风险或类似语句规定计价中的风险内容及范围。

2）由于下列因素出现，影响合同价款调整的，应由发包人承担：

① 国家法律、法规、规章和政策发生变化。

② 省级或行业建设主管部门发布的人工费调整，但承包人对人工费或人工单价的报价高于发布的除外。

③ 由政府定价或政府指导价管理的原材料等价格进行了调整。

3）由于市场物价波动影响合同价款的，应由发承包双方合理分摊，按《建设工程工程量清单计价规范》（GB 50500—2013）中附录 L. 2 或 L. 3 填写《承包人提供主要材料和工程设备一览表》作为合同附件；当合同中没有约定，发承包双方发生争议时，应按本小节“合同价款调整”中“物价变化”的规定调整合同价款。

4）由于承包人使用机械设备、施工技术以及组织管理水平等自身原因造成施工费用增加的，应由承包人全部承担。

5）当不可抗力发生，影响合同价款时，应按本小节“合同价款调整”中“不可抗力”的规定执行。

2. 招标控制价

（1）招标控制价应根据下列依据编制与复核：

1）《建设工程工程量清单计价规范》（GB 50500—2013）。

2）国家或省级、行业建设主管部门颁发的计价定额和计价办法。

3）建设工程设计文件及相关资料。

4）拟定的招标文件及招标工程量清单。

5）与建设项目相关的标准、规范、技术资料。

6）施工现场情况、工程特点及常规施工方案。

7）工程造价管理机构发布的工程造价信息，当工程造价信息没有发布时参照市场价。

8）其他的相关资料。

（2）综合单价中应包括招标文件中划分的应由投标人承担的风险范围及其费用。招标文件中没有明确的，如是工程造价咨询人编制，应提请招标人明确；如是招标人编制，应予明确。

（3）分部分项工程和措施项目中的单价项目，应根据拟定的招标文件和招标工程量清单项目中的特征描述及有关要求确定综合单价计算。

（4）措施项目中的总价项目应根据拟定的招标文件和常规施工方案按本小节“一般规定”中“计价方式”（3）和（5）的规定计价。

（5）其他项目应按下列规定计价：

1）暂列金额应按招标工程量清单中列出的金额填写。

2）暂估价中的材料、工程设备单价应按招标工程量清单中列出的单价计入综合单价。

3）暂估价中的专业工程金额应按招标工程量清单中列出的金额填写。

4）计日工应按招标工程量清单中列出的项目根据工程特点和有关计价依据确定综合单价计算。

5）总承包服务费应根据招标工程量清单列出的内容和要求估算。

（6）规费和税金必须按国家或省级、行业建设主管部门的规定计算。

3. 投标报价

（1）投标报价应根据下列依据编制和复核：

1）《建设工程工程量清单计价规范》（GB 50500—2013）。

2）国家或省级、行业建设主管部门颁发的计价办法。

3）企业定额，国家或省级、行业建设主管部门颁发的计价定额和计价办法。

4）招标文件、招标工程量清单及其补充通知、答疑纪要。

5）建设工程设计文件及相关资料。

6）施工现场情况、工程特点及投标时拟定的施工组织设计或施工方案。

7）与建设项目相关的标准、规范等技术资料。

8）市场价格信息或工程造价管理机构发布的工程造价信息。

9）其他的相关资料。

（2）综合单价中应包括招标文件中划分的应由投标人承担的风险范围及其费用，招标文件中没有明确的，应提请招标人明确。

（3）分部分项工程和措施项目中的单价项目，应根据招标文件和招标工程量清单项目中的特征描述确定综合单价计算。

（4）措施项目中的总价项目金额应根据招标文件和投标时拟定的施工组织设计或施工方案按相关规定自主确定。

（5）其他项目应按下列规定报价：

1）暂列金额应按招标工程量清单中列出的金额填写。

2）材料、工程设备暂估价应按招标工程量清单中列出的单价计入综合单价。

3）专业工程暂估价应按招标工程量清单中列出的金额填写。

4）计日工应按招标工程量清单中列出的项目和数量，自主确定综合单价并计算计日工金额。

5）总承包服务费应根据招标工程量清单中列出的内容和提出的要求自主确定。

（6）规费和税金必须按国家或省级、行业建设主管部门的规定计算。

（7）招标工程量清单与计价表中列明的所有需要填写单价和合价的项目，投标人均应填写且只允许有一个报价。未填写单价和合价的项目，可视为此项费用已包含在已标价工程量清单中其他项目的单价和合价之中。当竣工结算时，此项目不得重新组价予以调整。

（8）投标总价应当与分部分项工程费、措施项目费、其他项目费和规费、税金的合计金额一致。

4. 合同价款约定

（1）实行招标的工程合同价款应在中标通知书发出之日起30天内，由发承包双方依据招标文件和中标人的投标文件在书面合同中约定。

合同约定不得违背招标、投标文件中关于工期、造价、质量等方面的实质性内容。招标文件与中标人投标文件不一致的地方，应以投标文件为准。

（2）不实行招标的工程合同价款，应在发承包双方认可的工程价款基础上，由发承包双方在合同中约定。

（3）实行工程量清单计价的工程，应采用单价合同；建设规模较小、技术难度较低、工期较短且施工图设计已审查批准的建设工程可采用总价合同；紧急抢险、救灾以及施工技术特别复杂的建设工程可采用成本加酬金合同。

（4）约定内容

1）发承包双方应在合同条款中对下列事项进行约定：

① 预付工程款的数额、支付时间及抵扣方式。

② 安全文明施工措施的支付计划，使用要求等。

③ 工程计量与支付工程进度款的方式、数额及时间。

④ 工程价款的调整因素、方法、程序、支付及时间。

⑤ 施工索赔与现场签证的程序、金额确认与支付时间。

⑥ 承担计价风险的内容、范围以及超出约定内容、范围的调整办法。

⑦ 工程竣工价款结算编制与核对、支付及时间。

⑧ 工程质量保证金的数额、预留方式及时间。

⑨ 违约责任以及发生合同价款争议的解决方法及时间。

⑩ 与履行合同、支付价款有关的其他事项等。

2）合同中没有按照上述1）的要求约定或约定不明的，若发承包双方在合同履行中发生争议由双方协商确定；当协商不能达成一致时，应按《建设工程工程量清单计价规范》（GB 50500—2013）的规定执行。

5. 工程计量

（1）一般规定

1）工程量必须按照相关工程现行国家计量规范规定的工程量计算规则计算。

2）工程计量可选择按月或按工程形象进度分段计量，具体计量周期应在合同中约定。

3）因承包人原因造成的超出合同工程范围施工或返工的工程量，发包人不予计量。

4）成本加酬金合同应按“单价合同的计量”的规定计量。

（2）单价合同的计量

1）工程量必须以承包人完成合同工程应予计量的工程量确定。

2）施工中进行工程计量，当发现招标工程量清单中出现缺项、工程量偏差，或因工程变更引起工程量增减时，应按承包人在履行合同义务中完成的工程量计算。

3）承包人应当按照合同约定的计量周期和时间向发包人提交当期已完工程量报告。发包人应在收到报告后7天内核实，并将核实计量结果通知承包人。发包人未在约定时间内进行核实的，承包人提交的计量报告中所列的工程量应视为承包人实际完成的工程量。

4）发包人认为需要进行现场计量核实时，应在计量前24小时通知承包人，承包人应为计量提供便利条件并派人参加。当双方均同意核实结果时，双方应在上述记录上签字确认。承包人收到通知后不派人参加计量，视为认可发包人的计量核实结果。发包人不按照约定时间通知承包人，致使承包人未能派人参加计量，计量核实结果无效。

5）当承包人认为发包人核实后的计量结果有误时，应在收到计量结果通知后的7天内向发包人提出书面意见，并应附上其认为正确的计量结果和详细的计算资料。发包人收到书面意见后，应在7天内对承包人的计量结果进行复核后通知承包人。承包人对复核计量结果仍有异议的，按照合同约定的争议解决办法处理。

6）承包人完成已标价工程量清单中每个项目的工程量并经发包人核实无误后，发承包双方应对每个项目的历次计量报表进行汇总，以核实最终结算工程量，并应在汇总表上签字确认。

（3）总价合同的计量

1）采用工程量清单方式招标形成的总价合同，其工程量应按照"单价合同的计量"的规定计算。

2）采用经审定批准的施工图纸及其预算方式发包形成的总价合同，除按照工程变更规定的工程量增减外，总价合同各项目的工程量应为承包人用于结算的最终工程量。

3）总价合同约定的项目计量应以合同工程经审定批准的施工图纸为依据，发承包双方应在合同中约定工程计量的形象目标或时间节点进行计量。

4）承包人应在合同约定的每个计量周期内对已完成的工程进行计量，并向发包人提交达到工程形象目标完成的工程量和有关计量资料的报告。

5）发包人应在收到报告后7天内对承包人提交的上述资料进行复核，以确定实际完成的工程量和工程形象目标。对其有异议的，应通知承包人进行共同复核。

6. 合同价款调整

（1）一般规定

1）下列事项（但不限于）发生，发承包双方应当按照合同约定调整合同价款：

① 法律法规变化；

② 工程变更；

③ 项目特征不符；

④ 工程量清单缺项；

⑤ 工程量偏差；

⑥ 计日工；

⑦ 物价变化；

⑧ 暂估价；

⑨ 不可抗力；

⑩ 提前竣工（赶工补偿）；

⑪ 误期赔偿；

⑫ 索赔；

⑬ 现场签证；

⑭ 暂列金额；

⑮ 发承包双方约定的其他调整事项。

2）出现合同价款调增事项（不含工程量偏差、计日工、现场签证、索赔）后的14天内，承包人应向发包人提交合同价款调增报告并附上相关资料；承包人在14天内未提交合同价款调增报告的，应视为承包人对该事项不存在调整价款请求。

3）出现合同价款调减事项（不含工程量偏差、索赔）后的14天内，发包人应向承包人提交合同价款调减报告并附相关资料；发包人在14天内未提交合同价款调减报告的，应视为发包人对该事项不存在调整价款请求。

4）发（承）包人应在收到承（发）包人合同价款调增（减）报告及相关资料之日起14天内对其核实，予以确认的应书面通知承（发）包人。当有疑问时，应向承（发）包人提出协商意见。发（承）包人在收到合同价款调增（减）报告之日起14天内未确认也未提出协商意见的，应视为承（发）包人提交的合同价款调增（减）报告已被发（承）包人认可。发（承）包人提出协商意见的，承（发）包人应在收到协商意见后的14天内对其核实，予以确认的应书面通知发（承）包人。承（发）包人在收到发（承）包人的协商意见后14天内既不确认也未提出不同意见的，应视为发（承）包人提出的意见已被承（发）包人认可。

5）发包人与承包人对合同价款调整的不同意见不能达成一致的，只要对发承包双方履约不产生实质影响，双方应继续履行合同义务，直到其按照合同约定的争议解决方式得到处理。

6）经发承包双方确认调整的合同价款，作为追加（减）合同价款，应与工程进度款或结算款同期支付。

（2）法律法规变化

1）招标工程以投标截止日前28天、非招标工程以合同签订前28天为基准日，其后因国家的法律、法规、规章和政策发生变化引起工程造价增减变化的，发承包双方应按照省级或行业建设主管部门或其授权的工程造价管理机构据此发布的规定调整合同价款。

2）因承包人原因导致工期延误的，按第1）条规定的调整时间，在合同工程原定竣工时间之后，合同价款调增的不予调整，合同价款调减的予以调整。

（3）工程变更

1）因工程变更引起已标价工程量清单项目或其工程数量发生变化时，应按照下列规定调整：

① 已标价工程量清单中有适用于变更工程项目的，应采用该项目的单价；但当工程变更导致该清单项目的工程数量发生变化，且工程量偏差超过15%时，该项目单价应按照“工程量偏差”第2）条的规定调整。

② 已标价工程量清单中没有适用但有类似于变更工程项目的，可在合理范围内参照类似项目的单价。

③ 已标价工程量清单中没有适用也没有类似于变更工程项目的，应由承包人根据变更工程资料、计量规则和计价办法、工程造价管理机构发布的信息价格和承包人报价浮动率提出变更工程项目的单价，并应报发包人确认后调整。承包人报价浮动率可按下列公式计算：

招标工程：

$$承包人报价浮动率 L=(1-中标价/招标控制价)\times 100\% \tag{6-1}$$

非招标工程：

$$承包人报价浮动率 L=(1-报价/施工图预算)\times 100\% \tag{6-2}$$

④ 已标价工程量清单中没有适用也没有类似于变更工程项目，且工程造价管理机构发布的信息价格缺价的，应由承包人根据变更工程资料、计量规则、计价办法和通过市场调查等取得有合法依据的市场价格提出变更工程项目的单价，并应报发包人确认后调整。

2）工程变更引起施工方案改变并使措施项目发生变化时，承包人提出调整措施项目费的，应事先将拟实施的方案提交发包人确认，并应详细说明与原方案措施项目相比的变化情况。拟实施的方案经发承包双方确认后执行，并应按照下列规定调整措施项目费：

① 安全文明施工费应按照实际发生变化的措施项目依据国家或省级、行业建设主管部门的规定计算。

② 采用单价计算的措施项目费，应按照实际发生变化的措施项目，按1）的规定确定单价。

③ 按总价（或系数）计算的措施项目费，按照实际发生变化的措施项目调整，但应考虑承包人报价浮动因素，即调整金额按照实际调整金额乘以1）规定的承包人报价浮动率计算。

如果承包人未事先将拟实施的方案提交给发包人确认，则应视为工程变更不引起措施项目费的调整或承包人放弃调整措施项目费的权利。

3）当发包人提出的工程变更因非承包人原因删减了合同中的某项原定工作或工程，致使承包人发生的费用或（和）得到的收益不能被包括在其他已支付或应支付的项目中，也未被包含在任何替代的工作或工程中时，承包人有权提出并应得到合理的费用及利润补偿。

（4）项目特征不符

1）发包人在招标工程量清单中对项目特征的描述，应被认为是准确的和全面的，并且与实际施工要求相符合。承包人应按照发包人提供的招标工程量清单，根据项目特征描述的内容及有关要求实施合同工程，直到项目被改变为止。

2）承包人应按照发包人提供的设计图纸实施合同工程，若在合同履行期间出现设计图纸（含设计变更）与招标工程量清单任一项目的特征描述不符，且该变化引起该项目工程造价增减变化的，应按照实际施工的项目特征，按“工程变更”相关条款的规定重新确定相应工程量清单项目的综合单价，并调整合同价款。

（5）工程量清单缺项

1）合同履行期间，由于招标工程量清单中缺项，新增分部分项工程清单项目的，应按照相关规定确定单价，并调整合同价款。

2）新增分部分项工程清单项目后，引起措施项目发生变化的，应根据“工程变更”第2）条的规定，在承包人提交的实施方案被发包人批准后调整合同价款。

3）由于招标工程量清单中措施项目缺项，承包人应将新增措施项目实施方案提交发包人批准后，按照“工程变更”第1）条、第2）条的规定调整合同价款。

（6）工程量偏差

1）合同履行期间，当应予计算的实际工程量与招标工程量清单出现偏差，且符合下列2）、3）条规定时，发承包双方应调整合同价款。

2）对于任一招标工程量清单项目，当因（6）规定的工程量偏差和“工程变更”规定的工程变更等原因导致工程量偏差超过15%时，可进行调整。当工程量增加15%以上时，增加部分的工程量的综合单价应予调低；当工程量减少15%以上时，减少后剩余部分的工程量的综合单价应予调高。

3）当工程量出现上述2）条的变化，且该变化引起相关措施项目相应发生变化时，按系数或单一总价方式计价的，工程量增加的措施项目费调增，工程量减少的措施项目费调减。

（7）计日工

1）发包人通知承包人以计日工方式实施的零星工作，承包人应予执行。

2）采用计日工计价的任何一项变更工作，在该项变更的实施过程中，承包人应按合同约定提交下列报表和有关凭证送发包人复核：

① 工作名称、内容和数量。

② 投入该工作所有人员的姓名、工种、级别和耗用工时。

③ 投入该工作的材料名称、类别和数量。

④ 投入该工作的施工设备型号、台数和耗用台时。

⑤ 发包人要求提交的其他资料和凭证。

3）任一计日工项目持续进行时，承包人应在该项工作实施结束后的24h内向发包人提交有计日工记录汇总的现场签证报告一式三份。发包人在收到承包人提交现场签证报告后的2d内予以确认，并将其中一份返还给承包人，作为计日工计价和支付的依据。发包人逾期未确认也未提出修改意见的，应视为承包人提交的现场签证报告已被发包人认可。

4）任一计日工项目实施结束后，承包人应按照确认的计日工现场签证报告核实该类项目的工程数量，并应根据核实的工程数量和承包人已标价工程量清单中的计日工单价计算，提出应付价款；已标价工程量清单中没有该类计日工单价的，由发承包双方按“工程变更”的规定商定计日工单价计算。

5）每个支付期末，承包人应按照“进度款”的规定向发包人提交本期间所有计日工记录的签证汇总表，并应说明本期间自己认为有权得到的计日工金额，调整合同价款，列入进度款支付。

（8）物价变化

1）合同履行期间，因人工、材料、工程设备、机械台班价格波动影响合同价款时，应根据合同约定，按《建设工程工程量清单计价规范》（GB 50500－2013）附录A的方法之一调整合同价款。

2）承包人采购材料和工程设备的，应在合同中约定主要材料、工程设备价格变化的范围或幅度；当没有约定，且材料、工程设备单价变化超过5%时，超过部分的价格应按照《建设工程工程量清单计价规范》(GB 50500—2013）附录A的方法计算调整材料、工程设备费。

3）发生合同工程工期延误的，应按照下列规定确定合同履行期的价格调整：

① 因非承包人原因导致工期延误的，计划进度日期后续工程的价格，应采用计划进度日期与实际进度日期两者的较高者。

② 因承包人原因导致工期延误的，计划进度日期后续工程的价格，应采用计划进度日期与实际进度日期两者的较低者。

4）发包人供应材料和工程设备的，不适用上述1)、2）条规定，应由发包人按照实际变化调整，列入合同工程的工程造价内。

(9）暂估价

1）发包人在招标工程量清单中给定暂估价的材料、工程设备属于依法必须招标的，应由发承包双方以招标的方式选择供应商，确定价格，并应以此为依据取代暂估价，调整合同价款。

2）发包人在招标工程量清单中给定暂估价的材料、工程设备不属于依法必须招标的，应由承包人按照合同约定采购，经发包人确认单价后取代暂估价，调整合同价款。

3）发包人在工程量清单中给定暂估价的专业工程不属于依法必须招标的，应按照“工程变更”相应条款的规定确定专业工程价款，并应以此为依据取代专业工程暂估价，调整合同价款。

4）发包人在招标工程量清单中给定暂估价的专业工程，依法必须招标的，应当由发承包双方依法组织招标选择专业分包人，并接受有管辖权的建设工程招标投标管理机构的监督，还应符合下列要求：

① 除合同另有约定外，承包人不参加投标的专业工程发包招标，应由承包人作为招标人，但拟定的招标文件、评标工作、评标结果应报送发包人批准。与组织招标工作有关的费用应当被认为已经包括在承包人的签约合同价（投标总报价）中。

② 承包人参加投标的专业工程发包招标，应由发包人作为招标人，与组织招标工作有关的费用由发包人承担。同等条件下，应优先选择承包人中标。

③ 应以专业工程发包中标价为依据取代专业工程暂估价，调整合同价款。

(10）不可抗力

1）因不可抗力事件导致的人员伤亡、财产损失及其费用增加，发承包双方应按下列原则分别承担并调整合同价款和工期：

① 合同工程本身的损害、因工程损害导致第三方人员伤亡和财产损失以及运至施工场地用于施工的材料和待安装的设备的损害，应由发包人承担。

② 发包人、承包人人员伤亡应由其所在单位负责，并应承担相应费用。

③ 承包人的施工机械设备损坏及停工损失，应由承包人承担。

④ 停工期间，承包人应发包人要求留在施工场地的必要的管理人员及保卫人员的费用应由发包人承担。

⑤ 工程所需清理、修复费用，应由发包人承担。

2）不可抗力解除后复工的，若不能按期竣工，应合理延长工期。发包人要求赶工的，赶工费用应由发包人承担。

3）因不可抗力解除合同的，应按“合同解除的价款结算与支付”的规定办理。

（11）提前竣工（赶工补偿）

1）招标人应依据相关工程的工期定额合理计算工期，压缩的工期天数不得超过定额工期的20%，超过者，应在招标文件中明示增加赶工费用。

2）发包人要求合同工程提前竣工的，应征得承包人同意后与承包人商定采取加快工程进度的措施，并应修订合同工程进度计划。发包人应承担承包人由此增加的提前竣工（赶工补偿）费用。

3）发承包双方应在合同中约定提前竣工每日历天应补偿额度，此项费用应作为增加合同价款列入竣工结算文件中，应与结算款一并支付。

（12）误期赔偿

1）承包人未按照合同约定施工，导致实际进度迟于计划进度的，承包人应加快进度，实现合同工期。

合同工程发生误期，承包人应赔偿发包人由此造成的损失，并应按照合同约定向发包人支付误期赔偿费。即使承包人支付误期赔偿费，也不能免除承包人按照合同约定应承担的任何责任和应履行的任何义务。

2）发承包双方应在合同中约定误期赔偿费，并应明确每日历天应赔额度。误期赔偿费应列入竣工结算文件中，并应在结算款中扣除。

3）在工程竣工前，合同工程内的某单项（位）工程已通过了竣工验收，且该单项（位）工程接收证书中表明的竣工日期并未延误，而是合同工程的其他部分产生了工期延误时，误期赔偿费应按照已颁发工程接收证书的单项（位）工程造价占合同价款的比例幅度予以扣减。

（13）索赔

1）当合同一方向另一方提出索赔时，应有正当的索赔理由和有效证据，并应符合合同的相关约定。

2）根据合同约定，承包人认为非承包人原因发生的事件造成了承包人的损失，应按下列程序向发包人提出索赔：

① 承包人应在知道或应当知道索赔事件发生后28天内，向发包人提交索赔意向通知书，说明发生索赔事件的事由。承包人逾期未发出索赔意向通知书的，丧失索赔的权利。

② 承包人应在发出索赔意向通知书后28天内，向发包人正式提交索赔通知书。索赔通知书应详细说明索赔理由和要求，并应附必要的记录和证明材料。

③ 索赔事件具有连续影响的，承包人应继续提交延续索赔通知，说明连续影响的实际情况和记录。

④ 在索赔事件影响结束后的28天内，承包人应向发包人提交最终索赔通知书，说明最终索赔要求，并应附必要的记录和证明材料。

3）承包人索赔应按下列程序处理：

① 发包人收到承包人的索赔通知书后，应及时查验承包人的记录和证明材料。

② 发包人应在收到索赔通知书或有关索赔的进一步证明材料后的28d内，将索赔处

理结果答复承包人，如果发包人逾期未作出答复，视为承包人索赔要求已被发包人认可。

③ 承包人接受索赔处理结果的，索赔款项应作为增加合同价款，在当期进度款中支付；承包人不接受索赔处理结果的，应按合同约定的争议解决方式办理。

4）承包人要求赔偿时，可以选择下列一项或几项方式获得赔偿：

① 延长工期。

② 要求发包人支付实际发生的额外费用。

③ 要求发包人支付合理的预期利润。

④ 要求发包人按合同的约定支付违约金。

5）当承包人的费用索赔与工期索赔要求相关联时，发包人在做出费用索赔的批准决定时，应结合工程延期，综合做出费用赔偿和工程延期的决定。

6）发承包双方在按合同约定办理了竣工结算后，应被认为承包人已无权再提出竣工结算前所发生的任何索赔。承包人在提交的最终结清申请中，只限于提出竣工结算后的索赔，提出索赔的期限应自发承包双方最终结清时终止。

7）根据合同约定，发包人认为由于承包人的原因造成发包人的损失，宜按承包人索赔的程序索赔。

8）发包人要求赔偿时，可以选择下列一项或几项方式获得赔偿：

① 延长质量缺陷修复期限。

② 要求承包人支付实际发生的额外费用。

③ 要求承包人按合同的约定支付违约金。

9）承包人应付给发包人的索赔金额可从拟支付给承包人的合同价款中扣除，或由承包人以其他方式支付给发包人。

（14）现场签证

1）承包人应发包人要求完成合同以外的零星项目、非承包人责任事件等工作的，发包人应及时以书面形式向承包人发出指令，并应提供所需的相关资料；承包人在收到指令后，应及时向发包人提出现场签证要求。

2）承包人应在收到发包人指令后的 7 天内向发包人提交现场签证报告，发包人应在收到现场签证报告后的 48 小时内对报告内容进行核实，予以确认或提出修改意见。发包人在收到承包人现场签证，报告后的 48 小时内未确认也未提出修改意见的，应视为承包人提交的现场签证报告已被发包人认可。

3）现场签证的工作如已有相应的计日工单价，现场签证中应列明完成该类项目所需的人工、材料、工程设备和施工机械台班的数量。

如现场签证的工作没有相应的计日工单价，应在现场签证报告中列明完成该签证工作所需的人工、材料设备和施工机械台班的数量及单价。

4）合同工程发生现场签证事项，未经发包人签证确认，承包人便擅自施工的，除非征得发包人书面同意，否则发生的费用应由承包人承担。

5）现场签证工作完成后的 7 天内，承包人应按照现场签证内容计算价款，报送发包人确认后，作为增加合同价款，与进度款同期支付。

6）在施工过程中，当发现合同工程内容因场地条件、地质水文、发包人要求等不一致时，承包人应提供所需的相关资料，并提交发包人签证认可，作为合同价款调整的依据。

（15）暂列金额

1）已签约合同价中的暂列金额应由发包人掌握使用。

2）发包人按照前述（1）～（14）项的规定支付后，暂列金额余额应归发包人所有。

7. 合同价款期中支付

（1）预付款

1）承包人应将预付款专用于合同工程。

2）包工包料工程的预付款的支付比例不得低于签约合同价（扣除暂列金额）的10%，不宜高于签约合同价（扣除暂列金额）的30%。

3）承包人应在签订合同或向发包人提供与预付款等额的预付款保函后向发包人提交预付款支付申请。

4）发包人应在收到支付申请的7天内进行核实，向承包人发出预付款支付证书，并在签发支付证书后的7天内向承包人支付预付款。

5）发包人没有按合同约定按时支付预付款的，承包人可催告发包人支付；发包人在预付款期满后的7天内仍未支付的，承包人可在付款期满后的第8天起暂停施工。发包人应承担由此增加的费用和延误的工期，并应向承包人支付合理利润。

6）预付款应从每一个支付期应支付给承包人的工程进度款中扣回，直到扣回的金额达到合同约定的预付款金额为止。

7）承包人的预付款保函的担保金额根据预付款扣回的数额相应递减，但在预付款全部扣回之前一直保持有效。发包人应在预付款扣完后的14天内将预付款保函退还给承包人。

（2）安全文明施工费

1）安全文明施工费包括的内容和使用范围，应符合国家有关文件和计量规范的规定。

2）发包人应在工程开工后的28天内预付不低于当年施工进度计划的安全文明施工费总额的60%，其余部分应按照提前安排的原则进行分解，并应与进度款同期支付。

3）发包人没有按时支付安全文明施工费的，承包人可催告发包人支付；发包人在付款期满后的7天内仍未支付的，若发生安全事故，发包人应承担相应责任。

4）承包人对安全文明施工费应专款专用，在财务账目中应单独列项备查，不得挪作他用，否则发包人有权要求其限期改正；逾期未改正的，造成的损失和延误的工期应由承包人承担。

（3）进度款

1）发承包双方应按照合同约定的时间、程序和方法，根据工程计量结果，办理期中价款结算，支付进度款。

2）进度款支付周期应与合同约定的工程计量周期一致。

3）已标价工程量清单中的单价项目，承包人应按工程计量确认的工程量与综合单价计算；综合单价发生调整的，以发承包双方确认调整的综合单价计算进度款。

4）已标价工程量清单中的总价项目和按照规定形成的总价合同，承包人应按合同中约定的进度款支付分解，分别列入进度款支付申请中的安全文明施工费和本周期应支付的总价项目的金额中。

5）发包人提供的甲供材料金额，应按照发包人签约提供的单价和数量从进度款支付中扣除，列入本周期应扣减的金额中。

6）承包人现场签证和得到发包人确认的索赔金额应列入本周期应增加的金额中。

7）进度款的支付比例按照合同约定，按期中结算价款总额计，不低于60%，不高于90%。

8）承包人应在每个计量周期到期后的7天内向发包人提交已完工程进度款支付申请一式四份，详细说明此周期认为有权得到的款额，包括分包人已完工程的价款。

9）发包人应在收到承包人进度款支付申请后的14天内，根据计量结果和合同约定对申请内容予以核实，确认后向承包人出具进度款支付证书。若发承包双方对部分清单项目的计量结果出现争议，发包人应对无争议部分的工程计量结果向承包人出具进度款支付证书。

10）发包人应在签发进度款支付证书后的14天内，按照支付证书列明的金额向承包人支付进度款。

11）若发包人逾期未签发进度款支付证书，则视为承包人提交的进度款支付申请已被发包人认可，承包人可向发包人发出催告付款的通知。发包人应在收到通知后的14天内，按照承包人支付申请的金额向承包人支付进度款。

12）发包人未按照9）～11）条的规定支付进度款的，承包人可催告发包人支付，并有权获得延迟支付的利息；发包人在付款期满后的7天内仍未支付的，承包人可在付款期满后的第8天起暂停施工。发包人应承担由此增加的费用和延误的工期，向承包人支付合理利润，并应承担违约责任。

13）发现已签发的任何支付证书有错、漏或重复的数额，发包人有权予以修正，承包人也有权提出修正申请。经发承包双方复核同意修正的，应在本次到期的进度款中支付或扣除。

8. 合同解除的价款结算与支付

（1）发承包双方协商一致解除合同的，应按照达成的协议办理结算和支付合同价款。

（2）由于不可抗力致使合同无法履行解除合同的，发包人应向承包人支付合同解除之日前已完成工程但尚未支付的合同价款，此外，还应支付下列金额：

1）提前竣工（赶工补偿）的由发包人承担的费用。

2）已实施或部分实施的措施项目应付价款。

3）承包人为合同工程合理订购且已交付的材料和工程设备货款。

4）承包人撤离现场所需的合理费用，包括员工遣送费和临时工程拆除、施工设备运离现场的费用。

5）承包人为完成合同工程而预期开支的任何合理费用，且该项费用未包括在本款其他各项支付之内。

发承包双方办理结算合同价款时，应扣除合同解除之日前发包人应向承包人收回的价款。当发包人应扣除的金额超过了应支付的金额，承包人应在合同解除后的56天内将其差额退还给发包人。

（3）因承包人违约解除合同的，发包人应暂停向承包人支付任何价款。发包人应在合同解除后28天内核实合同解除时承包人已完成的全部合同价款以及按施工进度计划已运至现场的材料和工程设备货款，按合同约定核算承包人应支付的违约金以及造成损失的索赔金额，并将结果通知承包人。发承包双方应在 28 天内予以确认或提出意见，并应办理结算合同价款。如果发包人应扣除的金额超过了应支付的金额，承包人应在合同解除后的 56 天内将其差额退还给发包人。发承包双方不能就解除合同后的结算达成一致的，按照合同约定的争议解决方式处理。

（4）因发包人违约解除合同的，发包人除应按照（2）的规定向承包人支付各项价款外，应按合同约定核算发包人应支付的违约金以及给承包人造成损失或损害的索赔金额费用。该笔费用应由承包人提出，发包人核实后应与承包人协商确定后的 7 天内向承包人签发支付证书。协商不能达成一致的，应按照合同约定的争议解决方式处理。

9. 竣工结算与支付

（1）一般规定

1）工程完工后，发承包双方必须在合同约定时间内办理工程竣工结算。

2）工程竣工结算应由承包人或受其委托具有相应资质的工程造价咨询人编制，并应由发包人或受其委托具有相应资质的工程造价咨询人核对。

3）当发承包双方或一方对工程造价咨询人出具的竣工结算文件有异议时，可向工程造价管理机构投诉，申请对其进行执业质量鉴定。

4）工程造价管理机构对投诉的竣工结算文件进行质量鉴定，宜按工程造价鉴定的相关规定进行。

5）竣工结算办理完毕，发包人应将竣工结算文件报送工程所在地或有该工程管辖权的行业管理部门的工程造价管理机构备案，竣工结算文件应作为工程竣工验收备案、交付使用的必备文件。

（2）编制与复核

1）工程竣工结算应根据下列依据编制和复核：

①《建设工程工程量清单计价规范》（GB 50500—2013）；

② 工程合同；

③ 发承包双方实施过程中已确认的工程量及其结算的合同价款；

④ 发承包双方实施过程中已确认调整后追加（减）的合同价款；

⑤ 建设工程设计文件及相关资料；

⑥ 投标文件；

⑦ 其他依据。

2）分部分项工程和措施项目中的单价项目应依据发承包双方确认的工程量与已标价工程量清单的综合单价计算；发生调整的，应以发承包双方确认调整的综合单价计算。

3）措施项目中的总价项目应依据已标价工程量清单的项目和金额计算；发生调整的，应以发承包双方确认调整的金额计算，其中安全文明施工费应按相关规定计算。

4）其他项目应按下列规定计价：

① 计日工应按发包人实际签证确认的事项计算。

② 暂估价应按“暂估价”的规定计算。

③ 总承包服务费应依据已标价工程量清单金额计算；发生调整的，应以发承包双方确认调整的金额计算。

④ 索赔费用应依据发承包双方确认的索赔事项和金额计算。

⑤ 现场签证费用应依据发承包双方签证资料确认的金额计算。

⑥ 暂列金额应减去合同价款调整（包括索赔、现场签证）金额计算，如有余额归发包人。

5）规费和税金应按相关规定计算。规费中的工程排污费应按工程所在地环境保护部门规定的标准缴纳后按实列入。

6）发承包双方在合同工程实施过程中已经确认的工程计量结果和合同价款，在竣工结算办理中应直接进入结算。

（3）竣工结算

1）合同工程完工后，承包人应在经发承包双方确认的合同工程期中价款结算的基础上汇总编制完成竣工结算文件，应在提交竣工验收申请的同时向发包人提交竣工结算文件。

承包人未在合同约定的时间内提交竣工结算文件，经发包人催告后 14 天内仍未提交或没有明确答复的，发包人有权根据已有资料编制竣工结算文件，作为办理竣工结算和支付结算款的依据，承包人应予以认可。

2）发包人应在收到承包人提交的竣工结算文件后的 28 天内核对。发包人经核实，认为承包人还应进一步补充资料和修改结算文件，应在上述时限内向承包人提出核实意见，承包人在收到核实意见后的 28 天内应按照发包人提出的合理要求补充资料，修改竣工结算文件，并应再次提交给发包人复核后批准。

3）发包人应在收到承包人再次提交的竣工结算文件后的 28 天内予以复核，将复核结果通知承包人，并应遵守下列规定：

① 发包人、承包人对复核结果无异议的，应在 7 天内在竣工结算文件上签字确认，竣工结算办理完毕。

② 发包人或承包人对复核结果认为有误的，无异议部分按照①规定办理不完全竣工结算；有异议部分由发承包双方协商解决；协商不成的，应按照合同约定的争议解决方式处理。

4）发包人在收到承包人竣工结算文件后的 28 天内，不核对竣工结算或未提出核对意见的，应视为承包人提交的竣工结算文件已被发包人认可，竣工结算办理完毕。

5）承包人在收到发包人提出的核实意见后的 28 天内，不确认也未提出异议的，应视为发包人提出的核实意见已被承包人认可，竣工结算办理完毕。

6）发包人委托工程造价咨询人核对竣工结算的，工程造价咨询人应在 28 天内核对完毕，核对结论与承包人竣工结算文件不一致的，应提交给承包人复核；承包人应在 14 天内将同意核对结论或不同意见的说明提交工程造价咨询人。工程造价咨询人收到承包人提出的异议后，应再次复核，复核无异议的，应按 3）中①的规定办理，复核后仍有异议的，按 3）中②的规定办理。

承包人逾期未提出书面异议的，应视为工程造价咨询人核对的竣工结算文件已经承包人认可。

7）对发包人或发包人委托的工程造价咨询人指派的专业人员与承包人指派的专业人员经核对后无异议并签名确认的竣工结算文件，除非发承包人能提出具体、详细的不同意见，发承包人都应在竣工结算文件上签名确认，如其中一方拒不签认的，按下列规定办理：

① 若发包人拒不签认的，承包人可不提供竣工验收备案资料，并有权拒绝与发包人或其上级部门委托的工程造价咨询人重新核对竣工结算文件。

② 若承包人拒不签认的，发包人要求办理竣工验收备案的，承包人不得拒绝提供竣工验收资料，否则，由此造成的损失，承包人承担相应责任。

8）合同工程竣工结算核对完成，发承包双方签字确认后，发包人不得要求承包人与另一个或多个工程造价咨询人重复核对竣工结算。

9）发包人对工程质量有异议，拒绝办理工程竣工结算的，已竣工验收或已竣工未验收但实际投入使用的工程，其质量争议应按该工程保修合同执行，竣工结算应按合同约定办理；已竣工未验收且未实际投入使用的工程以及停工、停建工程的质量争议，双方应就有争议的部分委托有资质的检测鉴定机构进行检测，并应根据检测结果确定解决方案，或按工程质量监督机构的处理决定执行后办理竣工结算，无争议部分的竣工结算应按合同约定办理。

（4）结算款支付

1）承包人应根据办理的竣工结算文件向发包人提交竣工结算款支付申请。申请应包括下列内容：

① 竣工结算合同价款总额；

② 累计已实际支付的合同价款；

③ 应预留的质量保证金；

④ 实际应支付的竣工结算款金额。

2）发包人应在收到承包人提交竣工结算款支付申请后 7 天内予以核实，向承包人签发竣工结算支付证书。

3）发包人签发竣工结算支付证书后的 14 天内，应按照竣工结算支付证书列明的金额向承包人支付结算款。

4）发包人在收到承包人提交的竣工结算款支付申请后 7 天内不予核实，不向承包人签发竣工结算支付证书的，视为承包人的竣工结算款支付申请已被发包人认可；发包人应在收到承包人提交的竣工结算款支付申请 7 天后的 14 天内，按照承包人提交的竣工结算款支付申请列明的金额向承包人支付结算款。

5）发包人未按照 3）、4）规定支付竣工结算款的，承包人可催告发包人支付，并有权获得延迟支付的利息。发包人在竣工结算支付证书签发后或者在收到承包人提交的竣工结算款支付申请 7 天后的 56 天内仍未支付的，除法律另有规定外，承包人可与发包人协商将该工程折价，也可直接向人民法院申请将该工程依法拍卖。承包人应就该工程折价或拍卖的价款优先受偿。

（5）最终结清

1）缺陷责任期终止后，承包人应按照合同约定向发包人提交最终结清支付申请。发包人对最终结清支付申请有异议的，有权要求承包人进行修正和提供补充资料。承包人修正后，应再次向发包人提交修正后的最终结清支付申请。

2）发包人应在收到最终结清支付申请后的 14 天内予以核实，并应向承包人签发最终结清支付证书。

3）发包人应在签发最终结清支付证书后的14天内，按照最终结清支付证书列明的金额向承包人支付最终结清款。

4）发包人未在约定的时间内核实，又未提出具体意见的，应视为承包人提交的最终结清支付申请已被发包人认可。

5）发包人未按期最终结清支付的，承包人可催告发包人支付，并有权获得延迟支付的利息。

6）最终结清时，承包人被预留的质量保证金不足以抵减发包人工程缺陷修复费用的，承包人应承担不足部分的补偿责任。

7）承包人对发包人支付的最终结清款有异议的，应按照合同约定的争议解决方式处理。

6.3.5 工程量清单计价格式

1. 工程量清单计价表格组成

(1) 工程计价文件封面

1）招标工程量清单封面：封-1。

2）招标控制价封面：封-2。

3）投标总价封面：封-3。

4）竣工结算书封面：封-4。

5）工程造价鉴定意见书封面：封-5。

(2) 工程计价文件扉页

1）招标工程量清单扉页：扉-1。

2）招标控制价扉页：扉-2。

3）投标总价扉页：扉-3。

4）竣工结算总价扉页：扉-4。

5）工程造价鉴定意见书扉页：扉-5

(3) 工程计价总说明：表-01。

(4) 工程计价汇总表

1）建设项目招标控制价/投标报价汇总表：表-02。

2）单项工程招标控制价/投标报价汇总表：表-03。

3）单位工程招标控制价/投标报价汇总表：表-04。

4）建设项目竣工结算汇总表：表-05。

5）单项工程竣工结算汇总表：表-06。

6）单位工程竣工结算汇总表：表-07。

(5) 分部分项工程和措施项目计价表

1）分部分项工程和单价措施项目清单与计价表：表-08。

2）综合单价分析表：表-09。

3）综合单价调整表：表-10。

4）总价措施项目清单与计价表：表-11。

(6) 其他项目计价表

1）其他项目清单与计价汇总表：表-12。

2）暂列金额明细表：表-12-1。

3）材料（工程设备）暂估单价及调整表：表-12-2。

4）专业工程暂估价及结算价表：表-12-3。

5）计日工表：表-12-4。

6）总承包服务费计价表：表-12-5。

7）索赔与现场签证计价汇总表：表-12-6。

8）费用索赔申请（核准）表：表-12-7。

9）现场签证表：表-12-8。

（7）规费、税金项目计价表：表-13。

（8）工程计量申请（核准）表：表-14。

（9）合同价款支付申请（核准）表

1）预付款支付申请（核准）表：表-15。

2）总价项目进度款支付分解表：表-16。

3）进度款支付申请（核准）表：表-17。

4）竣工结算款支付申请（核准）表：表-18。

5）最终结清支付申请（核准）表：表-19。

（10）主要材料、工程设备一览表

1）发包人提供材料和工程设备一览表：表-20。

2）承包人提供主要材料和工程设备一览表（适用于造价信息差额调整法）：表-21。

3）承包人提供主要材料和工程设备一览表（适用于价格指数差额调整法）：表-22。

工程量清单计价常用表格格式请参见附录A。

附录B为工程量清单投标报价编制实例，供读者阅读参考。

2. 工程量清单计价表格使用规定

（1）工程计价表宜采用统一格式。各省、自治区、直辖市建设行政主管部门和行业建设主管部门可根据本地区、本行业的实际情况，在《建设工程工程量清单计价规范》（GB 50500—2013）附录B至附录L计价表格的基础上补充完善。

（2）工程计价表格的设置应满足工程计价的需要，方便使用。

（3）工程量清单的编制应符合下列规定：

1）工程量清单编制使用表格包括：封-1、扉-1、表-01、表-08、表-11、表-12（不含表-12-6～表-12-8）、表-13、表-20、表-21或表-22。

2）扉页应按规定的内容填写、签字、盖章，由造价员编制的工程量清单应有负责审核的造价工程师签字、盖章。受委托编制的工程量清单，应有造价工程师签字、盖章以及工程造价咨询人盖章。

3）总说明应按下列内容填写：

① 工程概况：建设规模、工程特征、计划工期、施工现场实际情况、自然地理条件、环境保护要求等。

② 工程招标和专业工程发包范围。

③ 工程量清单编制依据。

④ 工程质量、材料、施工等的特殊要求。

⑤ 其他需要说明的问题。

（4）招标控制价、投标报价、竣工结算的编制应符合下列规定：

1）使用表格：

① 招标控制价使用表格包括：封-2、扉-2、表-01、表-02、表-03、表-04、表-08、表-09、表-11、表-12（不含表-12-6～表-12-8）、表-13、表-20、表-21或表-22。

② 投标报价使用的表格包括：封-3、扉-3、表-01、表-02、表-03、表-04、表-08、表-09、表-11、表-12（不含表-12-6～表 12-8）、表-13、表-16、招标文件提供的表-20、表-21或表-22。

③ 竣工结算使用的表格包括：封-4、扉-4、表-01、表-05、表-06、表-07、表-08、表-09、表-10、表-11、表-12、表-13、表-14、表-15、表-16、表-17、表-18、表-19、表-20、表-21或表-22。

2）扉页应按规定的内容填写、签字、盖章，除承包人自行编制的投标报价和竣工结算外，受委托编制的招标控制价、投标报价、竣工结算，由造价员编制的应有负责审核的造价工程师签字、盖章以及工程造价咨询人盖章。

3）总说明应按下列内容填写：

① 工程概况：建设规模、工程特征、计划工期、合同工期、实际工期、施工现场及变化情况、施工组织设计的特点、自然地理条件、环境保护要求等。

② 编制依据等。

（5）工程造价鉴定应符合下列规定：

1）工程造价鉴定使用表格包括：封-5、扉-5、表-01、表-05～表-20、表-21或表-22。

2）扉页应按规定内容填写、签字、盖章，应有承担鉴定和负责审核的注册造价工程师签字、盖执业专用章。

（6）投标人应按招标文件的要求，附工程量清单综合单价分析表。

7　园林景观工程工程量计算

7.1　园林景观工程定额工程量计算

7.1.1　绿地整理

1. 勘察现场

（1）工作内容：绿化工程施工前需要进行现场调查，对架高物、地下管网、各种障碍物以及水源、地质、交通等状况进行全面了解，并做好施工安排或施工组织设计。

（2）工程量计算：以植株计算，灌木类以每丛折合1株，绿篱每1延长米折合1株，乔木不分品种、规格，一律按株计算。

2. 清理绿化用地

（1）工作内容：清理现场，土厚在±30cm之内的挖、填、找平，按设计标高整理地面，渣土集中，装车外运。

1）人工平整：地面凹凸高差在±30cm以内的就地挖、填、找平；凡高差超出±30cm的，每10cm增加人工费35%，不足10cm的按10cm计算。

2）机械平整：无论地面凹凸高差多少，一律执行机械平整。

（2）工程量计算：工程量以$10m^2$计算。

1）拆除障碍物：视实际拆除体积以立方米计算。

2）平整场地：按设计供栽植的绿地范围以平方米计算。

3）客土工程量计算规则：裸根乔木、灌木、攀缘植物和竹类，按其不同坑体规格以株计算；土球苗木，按不同球体规格以株计算；木箱苗木，按不同的箱体规格以株计算；绿篱，按不同槽（沟）断面，分单行双行以米计算；色块、草坪、花卉，按种植面积以平方米计算。

4）人工整理绿化用地是指±30cm范围内的平整，超出该范围时按照人工挖土方相应的子目规定计算。

5）机械施工的绿化用地的挖、填土方工程，其大型机械进出场费均按照《北京市建设工程机械台班费用定额》中关于大型机械进出场费的规定执行，列入其独立土石方工程概算。

6）整理绿化用地渣土外运的工程量分以下两种情况，以立方米计算：

① 自然地坪与设计地坪标高相差在±30cm以内时，整理绿化用地渣土量按每平方米$0.05m^3$计算。

② 自然地坪与设计地坪标高相差在±30cm以外时，整理绿化用地渣土量按挖土方与填土方之差计算。

7.1.2　园林花木栽植及养护

1. 园林植树

（1）刨树坑

1）工作内容：分为刨树坑、刨绿篱沟和刨绿带沟三项。

刨树坑是从设计地面标高下刨，无设计标高的以一般地面水平为准。

2）工程量计算：刨树坑以个计算，刨绿篱沟以延长米计算，刨绿带沟以立方米计算。乔木胸径在 3～10cm 以内，常绿树高度在 1～4m 以内；大于以上规格的按大树移植处理。乔木应选择树体高大（在 5m 以上），具有明显树干的树木，如银杏、雪松等。

（2）施肥

1）工作内容：分为乔木施肥、观赏乔木施肥、花灌木施肥、常绿乔木施肥、绿篱施肥、攀缘植物施肥、草坪及地被施肥（施肥主要指有机肥，其价格已包括场外运费）七项。

2）工程量计算：均按植物的株数计算，其他均以平方米来计算。

（3）修剪

1）工作内容：分为修剪、强剪和绿篱平剪三项。修剪是指栽植前的修根、修枝；强剪是指“抹头”；绿篱平剪是指栽植后的第一次顶部定高平剪及两侧面垂直或正梯形坡剪。

2）工程量计算：除绿篱以延长米计算外，树木均按株数计算。

（4）防治病虫害

1）工作内容：分为刷药、涂白和人工喷药三项。

2）工程量计算：均按植物的株数计算，其他均以平方米来计算。

① 刷药：泛指以波美度为 0.5 的石硫合剂为准，刷药的高度至分枝点，要求全面且均匀。

② 涂白：其浆料以生石灰：氯化钠：水＝2.5：1：18 为准，刷涂料高度在 1.3m 以下，要上口平齐、高度一致。

③ 人工喷药：指栽植前需要人工肩背喷药防治病虫害，或必要的土壤有机肥人工拌农药灭菌消毒。

（5）树木栽植

1）栽植乔木。乔木根据其形态及计量的标准分为：按苗高计量的有两府海棠、木槿，按冠径计量的有金银木和丁香等。

① 起挖乔木（带土球）

a. 工作内容：起挖、包扎出坑、搬运集中、回土填坑。

b. 工程量计算：按土球直径分别列项，以株计算。特大或名贵树木另行计算。

② 起挖乔木（裸根）

a. 工作内容：起挖、出坑、修剪、打浆、搬运集中、回土填坑。

b. 工程量计算：按胸径分别列项，以株计算。特大或名贵树木另行计算。

③ 栽植乔木（带土球）

a. 工作内容：挖坑，栽植（落坑、扶正、回土、捣实、筑水围），浇水，覆土，保墒，整形，清理。

b. 工程量计算：按土球直径分别列项，以株计算。特大或名贵树木另行计算。

④ 栽植乔木（裸根）

a. 工作内容：挖坑栽植、浇水、覆土、保墒、整形、清理。

b. 工程量计算：按胸径分别列项，以株计算。特大或名贵树木另行计算。

2）栽植灌木。灌木树体矮小（在5m以下），无明显主干或主干甚短，如月季、连翘金银木等。

① 起挖灌木（带土球）

a. 工作内容：起挖、包扎、出坑、搬运集中、回土填坑。

b. 工程量计算：按土球直径分别列项，以株计算。特大或名贵树木另行计算。

② 起挖灌木（裸根）

a. 工作内容：起挖、出坑、修剪、打浆、搬运集中、回土填坑。

b. 工程量计算：按冠丛高分别列项，以株计算。

③ 栽植灌木（带土球）

a. 工作内容：挖坑，栽植（扶正、捣实、回土、筑水围），浇水，覆土，保墒，整形，清理。

b. 工程量计算：按土球直径分别列项，以株计算。特大或名贵树木另行计算。

④ 栽植灌木（裸根）

a. 工作内容：挖坑、栽植、浇水、覆土、保墒、整形、清理。

b. 工程量计算：按冠丛高分别列项，以株计算。

3）栽植绿篱。绿篱分为：落叶绿篱，如雪柳、小白榆等；常绿绿篱，如侧柏、小桧柏等。篱高是指绿篱苗木顶端距地平面高度。

① 工作内容：开沟、排苗、回土、筑水围、浇水、覆土、整形、清理。

② 工程量计算：按单、双排和高度分别列项，工程量以延长米计算，单排以丛计算，双排以株计算。绿篱按单行或双行不同篱高以米计算（单行3.5株/m，双行5株/m^2）；色带以平方米计算（色块12株/m^2）。

绿化工程栽植苗木中，绿篱按单行或双行不同篱高以米计算，单行每延长米栽3.5株，双行每延长米栽5株；色带每1m^2栽12株；攀缘植物根据不同生长年限每延长米栽5～6株；草花每1m^2栽35株。

4）栽植攀缘类。攀缘类是能攀附他物向上生长的蔓性植物，多借助吸盘（如地锦等）、附根（如凌霄等）、卷须（如葡萄等）、蔓条（如爬蔓月季等）以及干茎本身（如紫藤等）的缠绕性而攀附他物。

① 工作内容：挖坑、栽植、浇水、覆土、保墒、整形、清理。

② 工程量计算：攀缘植物，按不同生长年限以株计算。

5）栽植竹类

① 起挖竹类（散生竹）

a. 工作内容：起挖、包扎、出坑、修剪、搬运集中、回土填坑。

b. 工程量计算：按胸径分别列项，以株计算。

② 起挖竹类（丛生竹）

a. 工作内容：起挖、包扎、出坑、修剪、搬运集中、回土填坑。

b. 工程量计算：按根盘丛径分别列项，以丛计算。

③ 栽植竹类（散生竹）

a. 工作内容：挖坑，栽植（扶正、捣实、回土、筑水围），浇水，覆土，保墒，整形，清理。

b. 工程量计算：按胸径分别列项，以株计算。

④ 栽植竹类（丛生竹）

a. 工作内容：挖坑，栽植（扶正、捣实、回土、筑水围），浇水，覆土，保墒，整形，清理。

b. 工程量计算：按根盘丛径分别列项，以丛计算。

6）栽植水生植物

① 工作内容：挖淤泥、搬运、种植、养护。

② 工程量计算：按荷花、睡莲分别列项，以 10 株计算。

（6）树木支撑

1）工作内容：分为两架一拐、三架一拐、四脚钢筋架、竹竿支撑、幌绳绑扎五项。

2）工程量计算：均按植物的株数计算，其他均以平方米计算。

（7）新树浇水

1）工作内容：分为人工胶管浇水和汽车浇水两项。

2）工程量计算：除篱以延长米计算外，树木均按株数计算。

人工胶管浇水，距水源以 100m 以内为准，每超 50m 用工增加 14%。

（8）铺设盲管

1）工作内容：分为找泛水、接口、养护、清理和保证管内无滞塞物五项。

2）工程量计算：按管道中心线全长以延长米计算。

（9）清理竣工现场

1）工作内容：分为人力车运土、装载机自卸车运土两项。

2）工程量计算：每株树木（不分规格）按 $5m^2$ 计算，绿篱每延长米按 $3m^2$ 计算。

（10）原土过筛

1）工作内容：在保证工程质量的前提下，应充分利用原土降低造价，但原土含瓦砾、杂物率不得超过 30%，且土质理化性质须符合种植土地要求。

2）工程量计算：

① 原土过筛：按筛好后的土以立方米计算。

② 土坑换土：以实挖的土坑体积乘以系数 1.43 计算。

2. 花卉与草坪种植

（1）栽植露地花卉

1）工作内容：翻土整地、清除杂物、施基肥、放样、栽植、浇水、清理。

2）工程量计算：按草本花，木本花，球、地根类，一般图案花坛，彩纹图案花坛，立体花坛，五色草一般图案花坛，五色草彩纹图案花坛，五色草立体花坛分别列项，以 $10m^2$ 计算。

每平方米栽植数量：草花 25 株；木本花卉 5 株；植根花卉，草本 9 株、木本 5 株。

（2）草皮铺种

1）工作内容：翻土整地、清除杂物、搬运草皮、浇水、清理。

2）工程量计算：按散铺、满铺、直生带、播种分别列项，以 $10m^2$ 计算。种苗费未包括在定额内，需另行计算。

3. 大树移植

(1) 工作内容

1) 带土方木箱移植法

① 掘苗前，先按照绿化设计要求的树种、规格选苗，并在选好的树上做出明显标记，将树木的品种、规格（高度、干径、分枝点高度、树形及主要观赏面）分别记入卡片，以便分类，编出栽植顺序。

② 掘苗与运输

a. 掘苗。掘苗时，先根据树木的种类、株行距和干径的大小确定在植株根部留土台的大小。可按苗木胸径（即树木高 1.3m 处的树干直径）的 7～10 倍确定土台。

b. 运输。修整好土台之后，应立即上箱板，其操作顺序如下：上侧板、上钢丝绳、钉铁皮、掏底和上底板、上盖板、吊运装车、运输、卸车。

③ 栽植

a. 挖坑。

b. 吊树入坑。

c. 拆除箱板和回填土。

d. 栽后管理。

2) 软包装土球移植法

① 掘苗准备工作：掘苗的准备工作与方木箱的移植相似，但它不需要用木箱板、铁皮等材料和某些工具，材料中只要有蒲包片、草绳等物即可。

② 掘苗与运输

a. 确定土球的大小。

b. 挖掘。

c. 打包。

d. 吊装运输。

e. 假植。

f. 栽植。

(2) 工程量计算

1) 分为大型乔木移植和大型常绿树移植两部分，每部分又分带土台和装木箱两种。

2) 大树移植的规格，乔木以胸径 10cm 以上为起点，分 10～15cm、15～20cm、20～30cm 和 30cm 以上四个规格。

3) 浇水按自来水考虑，为三遍水的费用。

4) 所用吊车、汽车可按不同规格计算。

5) 工程量按移植株数计算。

4. 绿化养护

(1) 工作内容

1) 乔木浇透水 10 次，常绿树木浇透水 6 次，花灌木浇透水 13 次，花卉每周浇透水 1～2 次。

2) 中耕除草乔木 3 遍，花灌木 6 遍，常绿树木 2 遍；草坪除草可按草种不同修剪2～4 次，草坪清杂草应随时进行。

3）喷药乔木、花灌木、花卉7～10遍。

4）打芽及定型修剪落叶乔木3次，常绿树木2次，花灌木1～2次。

5）移植大树需适当喷水，常绿类6～7月份共喷124次，植保用农药化肥随浇水执行。

（2）工程量计算

1）乔木（果树）、灌木、攀缘植物以株计算；绿篱以米计算；草坪、花卉、色带、宿根以平方米计算；丛生竹以丛计算。也可根据施工方自身情况、多年绿化养护经验以及业主要求时间列项计算。

2）冬期防寒是北方园林中常见的苗木防护措施，包括支撑竿、喷防冻液、搭风帐等。后期管理费中不含冬期防寒措施，需另行计算。乔木、灌木按数量以株为单位计算，色带、绿篱按长度以米计算，木本、宿根花卉按面积以平方米计算。

7.1.3 园路工程

1. 整理路床

（1）工作内容：厚度在30cm以挖、填、找平、夯实、整修，弃土于2m以外。

（2）工程量计算：园路整理路床的工程量按路床的面积计算，以$10m^2$计算。

2. 垫层

（1）工作内容：筛土、浇水、拌和、铺设、找平、灌浆、捣实、养护。

（2）工程量计算：园路垫层的工程量按不同垫层材料，以垫层的体积计算，计量单位为m^3。垫层计算宽度应比设计宽度大10cm，即两边各放宽5cm。

3. 面层

（1）工作内容：放线、整修路槽、夯实、修平垫层、调浆、铺面层、嵌缝、清扫。

（2）工程量计算：按不同面层材料、厚度，以园路面层的面积计算。计量单位为$10m^2$。

1）卵石面层：按拼花、彩边素色分别列项，以$10m^2$计算。

2）混凝土面层：按纹形、水刷纹形、预制方格、预制异形、预制混凝土大块面层、预制混凝土假冰片面层、水刷混凝土路面分别列项，以$10m^2$算。

3）八五砖面层：按平铺、侧铺分别列项，以$10m^2$计算。

4）石板面层：按方整石板面层、乱铺冰片石面层、瓦片、碎缸片、弹石片、小方碎石、六角板分别列项，以$10m^2$计算。

4. 甬路

（1）工作内容：园林建筑及公园绿地内的小型甬路、路牙、侧石等工程。定额中不包括刨槽、垫层及运土，可按相应项目定额执行。砌侧石、路缘石、砖、石及树穴是按1∶3白灰砂浆铺底、1∶3水泥砂浆勾缝考虑的。

（2）工程量计算

1）侧石、路缘、路牙按实铺尺寸以延长米计算。

2）庭园工程中的园路垫层按图示尺寸以立方米计算。带路牙者，园路垫层宽度按路面宽度加20cm计算；无路牙者，园路垫层宽度按路面宽度加10cm计算；蹬道带山石挡土墙者，园路垫层宽度按蹬道宽度加120cm计算；蹬道无山石挡土墙者，园路垫层宽度按蹬道宽度加40cm计算。

3）庭园工程中的园路定额是指庭院内的行人甬路、蹬道和带有部分踏步的坡道，不适用于厂、院及住宅小区内的道路，由垫层、路面、地面、路牙、台阶等组成。

4）山丘坡道所包括的垫层、路面、路牙等项目，分别按相应定额子目的人工费乘以系数1.4计算，材料费不变。

5）室外道路宽度在14m以内的混凝土路、停车场（厂、院）及住宅小区内的道路套用建筑工程预算定额，室外道路宽度在14m以外的混凝土路、停车场套用市政道路工程预算定额，沥青所有路面套用市政道路工程预算定额，庭院内的行人甬路、蹬道和带有部分踏步的坡道套用庭园工程预算定额。

6）绿化工程中的住宅小区、公园中的园路套用建筑工程预算定额，园路路面面层以平方米计算，垫层以立方米计算；别墅中的园路大部分套用庭园工程预算定额。

7.1.4 园桥工程

1. 工作内容

工作内容包括：选石、修石、运石，调、运、铺砂浆，砌石，安装桥面。

2. 工程量计算

（1）桥的毛石基础、条石桥墩的工程量按其体积计算，计量单位为m^3。

（2）园桥的桥台、护坡的工程量按不同石料（毛石或条石），以其体积计算，计量单位为m^3。

（3）园桥的石桥面的工程量按其面积计算，计量单位为$10m^2$。

（4）石桥桥身的砖石背里和毛石金刚墙，分别执行砖石工程的砖石挡土墙和毛石墙相应定额子目。其工程量均按图示尺寸以立方米计算。

（5）河底海墁、桥面石安装，按设计图示面积、不同厚度以平方米计算；石栏板（含抱鼓）安装，按设计底边（斜栏板按斜长）长度，以块计算；石望柱按设计高度，以根计算。

（6）定额中规定，ϕ10mm以内的钢筋按手工绑扎编制，ϕ10mm以外的钢筋按焊接编制，钢筋加工、制作按不同规格和不同的混凝土制作方法分别按设计长度乘以理论质量，以吨计算。

（7）石桥的金刚墙细石安装项目中，已综合桥身的各部位金刚墙的因素。雁翅金刚墙、分水金刚墙和两边的金刚墙，均套用相应的定额。

定额中的细石安装是按青白石和花岗石两种石料编制的，如实际使用砖碴石、汉白玉石料时，执行青白石相应定额子目；使用其他石料时，应另行计算。

7.1.5 假山工程

1. 假山工程量计算方法

假山工程量一般以设计的山石实际吨位数为基数来推算，并以工日数表示。假山采用的山石种类不同、假山造型不同、假山砌筑方式不同都会影响工程量。由于假山工程的变化因素太多，每工日的施工定额也不容易统一，因此准确计算工程量有一定难度。根据十几项假山工程施工资料统计的结果，包括放样、选石、配制水泥砂浆及混凝土、吊装山石、堆砌、刹垫、搭拆脚手架、抹缝、清理、养护等全部施工工作在内的山石施工平均工日定额，在精细施工条件下，应为0.1～0.2t/工日；在大批量粗放施工情况下，则应为0.3～0.4t/工日。

假山工程量计算公式：

$$W=AHRK_n \tag{7-1}$$

式中 W——石料质量（t）；

A——假山平面轮廓的水平投影面积（m^2）；

H——假山着地点至最高顶点的垂直距离（m）；

R——石料密度，黄（杂）石为 $2.6t/m^3$，湖石为 $2.2t/m^3$；

K_n——折算系数，高度在 2m 以内 $K_n=0.65$，高度在 4m 以内 $K_n=0.54$。

2. 景石、散点石工程量计算方法

景石是指不具备山形但以奇特的形状为审美特征的石质观赏品；散点石是指无呼应联系的一些自然山石分散布置在草坪、山坡等处，主要起点缀环境、烘托野地氛围的作用。

景石、散点石工程量计算公式：

$$W_{单}=L_{均}\ B_{均}\ H_{均}\ R \tag{7-2}$$

式中 $W_{单}$——山石单体质量（t）；

$L_{均}$——长度方向的平均值（m）；

$B_{均}$——宽度方向的平均值（m）；

$H_{均}$——高度方向的平均值（m）；

R——石料密度（t/m^3）。

3. 堆砌假山工程量计算方法

堆砌湖石假山、黄石假山、整块湖石峰、人造湖石峰、人造黄石峰以及石笋安装、土山点石的工程量均按不同山、峰高度，以堆砌石料的质量计算，计量单位为 t。

布置景石的工程量按不同单块景石，以布置景石的质量计算，计量单位为 t。

自然式护岸的工程量按护岸石料质量计算，计量单位为 t。

$$\text{堆砌假山石料质量}=\text{进场石料验收质量}-\text{剩余石料质量} \tag{7-3}$$

4. 塑假石山工程量计算方法

（1）砖骨架塑假石山的工程量按不同高度，以塑假石山的外围表面积计算，计量单位为 $10m^2$。

（2）钢骨架、钢网塑假石山的工程量按其外围表面积计算，计量单位为 $10m^2$。

5. 其他

（1）人造独立峰（仿孤块峰石），是指人工叠造的独立峰石。假山顶部突出的石块，不得执行人造独立峰定额。

（2）安布景石是指天然独块的非竖向景石的安布，安布峰石是指天然独块的竖向景石的安布。安布景石和安布峰石，一律按设计图示尺寸以吨计算。

（3）“土包石”或“石包土”假山中的山石，应按设计图示尺寸，分别执行散点或护角和人工堆土山的相应定额子目。

（4）石笋和山石台阶踏步工程量应分别列项，执行相应子目。遇有带座、盘的石笋、景石或盆景石等项目，其砌筑的座、盘应按其使用的材质和形式，执行相应定额子目；如采用石材的座、盘时，应另行计算。

（5）传统园林中，多把石级或蹬道与池岸和假山结合起来，随地势起伏高下，此类蹬道若与建筑物楼阁相连，便成了云梯。云梯的工程量，根据设计高度，执行叠山相应定额子目。

(6) 石笋按其支数和下列公式换算为质量，以 t 计算。

石笋单体质量＝石笋长度×石笋平均断面面积×石料每立方米质量($2.6t/m^3$) (7-4)

(7) 塑假山制作和安装包括放样画线、砂浆调制运输、砖骨架、焊接挂网、安装预制板、预埋件、留植穴、造型修饰、着色、堆塑成型、材料校正、画线切断、平直、倒楞钻孔、焊接、安装、加固、搭拆架子、运料、翻板子、堆码等。塑假山的工程量按外形表面的展开面积，以平方米计算。

(8) 叠山（亦称掇山），是指利用可叠假山的天然石料（亦称品石），人工叠造而成的石假山。如厅石假山、厅山、壁山、池山、云梯等。

(9) 零星点布，包括散点石和过水汀石等疏散的点布。

(10) 叠山、零星点布，一律按设计图示尺寸以 t 计算。

7.1.6 水池、花架及园林小品

1. 水池

(1) 工作内容

1) 刚性材料水池包括放样，开挖基坑，做池底基层，池底、壁结构施工水池粉刷等。

2) 柔性材料水池包括放样，开挖基坑，做池底基层，水池柔性材料的铺设，卵石或粗砂保护层的铺设。

3) 水池的给水排水系统施工。

4) 室外水池防冻处理。

(2) 工程量计算

1) 水池定额是按一般方形、圆形、多边形水池编制的，遇有异形水池时，应另行计算。

2) 水池池底、池壁砌筑均按设计图示尺寸以立方米计算。

3) 混凝土水池，池内底面积小于或等于 $20m^2$ 时，其池底和池壁定额的人工费乘以系数 1.25。

4) 水池防水材料一般按设计图示尺寸以平方米计算，套用防水子目，材料价按膨润土材料价组价；或者可以根据所咨询的市场材料价格的基础上计取一定的人工费后做补充定额。

5) 景石工程量套用庭园工程安布景石子目，以 10t 为单位计算。

2. 花架及园林小品

(1) 花架工程量计算

1) 木质花架的结构包括梁、檩、柱、座凳等。其工程量按设计图示尺寸以立方米计算。

2) 混凝土花架定额中包括现场预制混凝土的制作、安装等项目，适用于梁檩断面在 $220cm^2$ 以内，高度在 6m 以下的轻型花架。

3) 花架安装是按人工操作、人工吊装编制的，如使用机械吊装时，不得换算，仍按定额安装子目执行。

4) 混凝土花架的梁、檩、柱定额中，均已综合模板超高费用，凡柱高在 6m 以下的花架均不得计算超高费。

5）木制花架刷漆按展开面积以平方米计算。

6）砖砌和预制混凝土的花盆、花池、花坛工程量应分别按砖和预制混凝土小品定额执行，按设计尺寸以立方米计算。

（2）园林小品工程量计算

1）堆塑装饰工程分别按展开面积以平方米计算。

2）小型设施工程量预制或现制水磨石景窗、平板凳、花檐、角花、博古架、飞来椅、木纹板的工作内容包括：制作、安装及拆除模板，制作及绑扎钢筋，制作及浇捣混凝土，砂浆抹平，构件养护，面层磨光及现场安装。

① 预制或现制水磨石景窗、平板凳、花檐、角花、博古架的工程量均按不同水磨石断面面积、预制或现制，以其长度计算，计量单位为“10m”。

② 水磨木纹板的工程量按不同水磨程度，以其面积计算。制作工程量计量单位为“m^2”，安装工程量计量单位为“$10m^2$”。

7.1.7 喷泉工程

1. 工作内容

（1）喷泉管道布置

1）喷泉管道要根据实际情况布置。装饰性小型喷泉，其管道可以直接埋入土中，或用山石、矮灌木遮盖。大型喷泉的管道分主管和次管，主管要敷设在人可以通行的地沟中，为便于维修，应设检查井；次管直接置于水池内。管网布置应排列有序，整齐美观。

2）环形管道最好采用十字形供水，组合式配水管宜用分水箱供水，其目的是要获得稳定、等高的喷流。

3）为了保持喷水池正常水位，水池要设溢水口。溢水口面积应为进水口面积的两倍，要在其外侧配备拦污栅，但不得安装阀门。溢水管要有3%的顺坡，直接与泄水管连接。

4）补给水管的作用是启动前的注水及弥补池水蒸发和喷射的损耗，以确保水池正常水位。补给水管与城市供水管相连，并安装阀门控制。

5）泄水口要设于池底最低处，用于检修及定期换水时的排水。泄水口管径通常为100mm或150mm，也可以按照计算确定，通常安装单向阀门，与公园水体和城市排水管网连接。

6）连接喷头的水管管径不能急剧变化，要求连接管至少有20倍其管径的长度。不能满足时需安装整流器。

7）喷泉所有的管线均要具有不小于2%的坡度，便于停止使用时将水排空；所有管道都要进行防腐处理；管道接头要严密，安装必须牢固。

8）管道安装完毕后，应当认真检查并进行水压试验，确保管道安全，一切正常后再安装喷头。为了便于调整喷出的水型，每个喷头均应安装阀门控制。

（2）喷水池施工。包括基础、防水层、池底、池壁、压顶等部分的施工。

（3）喷泉电缆。包括电缆保护管安装、电缆敷设等。

（4）喷泉照明施工。包括灯具选择与安装、滤色片安装、喷水池和瀑布的照明安装。

（5）电气控制柜安装。包括测量定位、基础型钢安装、柜（盘）就位、母带安装、二次回路结线等。

（6）杂项。包括园灯安装，雕塑、雕像的饰景照明灯具安装，旗帜的照明灯具安装，花坛铁艺栏杆安装，标志牌的制作、安装及雕刻。

2. 工程量计算

(1) 管道项目适用于单件质量为100kg以内的制作与安装，并包含所需要的螺栓、螺母本身价格。木垫式管架不包括木垫质量，但木垫的安装工料已包括在定额内；弹簧式管架，不包括弹簧本身，其本身价格另行计算。管道支架按管架形式以吨计算。

(2) 管道煨弯，公称直径在50mm以下的已包括在管道安装相应定额子目内，公称直径在50mm以上的管道煨弯按相应定额子目执行。管道煨弯以个计算。

(3) 喷泉给水管道安装、阀门安装、水泵安装等给水工程，按照设计要求，执行《庭园工程定额》第五册“给水排水、采暖、燃气工程”定额。

(4) 雾喷喷头安装套用庭园工程喷泉喷头安装子目，以套为单位计算。

(5) 绿化中喷灌喷头的类型：按照工作压力分，有微压、低压、中压、高压喷头；按照结构形式和喷洒特性分，有旋转式、固定式、喷洒孔管。其工程量以个为单位计算。

(6) 铁件刷油工程量以千克计算。

(7) UPVC给水管固筑包括现场清理、混凝土搅拌、巩固保护等。管道加固后可以减少喷灌系统在启动、关闭或运行时产生的水锤和振动作用，增加管网系统的安全性。其工程量按照UPVC不同管径以处为单位计算。

(8) 当管径较大时，可以将锁死螺母改为法兰盘，采用金属加工制成。其工程量按照不同管径以个为单位计算。

7.1.8 景观电气照明工程

1. 工作内容

(1) 电缆沟挖填、人工开挖路面。工作的内容包括测位、画线、挖电缆沟、回填土、夯实、开挖路面、清理现场。

(2) 电缆沟铺砂、盖砖及移动盖板。工作的内容包括调整电缆间距、铺砂、盖砖（或保护板）、埋设标桩、揭（盖）盖板。

(3) 电缆保护管敷设及顶管

1) 电缆保护管敷设。工作的内容包括锯管、测位、敷设、打喇叭口。

2) 顶管。工作的内容包括测位、安装机具、顶管、接管、清理。

(4) 桥架安装

1) 钢制桥架、玻璃钢桥架、铝合金桥架。工作的内容包括组对、焊接或螺栓固定，弯头、三通或四通、盖板、隔板、附件的安装。

2) 组合式桥架及桥架支撑架。工作的内容包括桥架组对、螺栓连接、安装固定，立柱、托臂膨胀螺栓或焊接固定、螺栓固定在支架立柱上。

(5) 塑料电缆槽、混凝土电缆槽安装。工作的内容包括测位、画线、安装、接口。

(6) 电缆防火涂料、堵洞、隔板及阻燃槽盒安装。工作的内容包括清扫、堵洞、安装防火隔板（阻燃槽盒）、涂防火材料、清理。

(7) 电缆防腐、缠石棉绳、涂装、剥皮。工作的内容包括配料、加垫、灌防腐材料、铺砖、缠石棉绳、管道（电缆）涂装色漆、电缆剥皮。

(8) 铝芯、铜芯电力电缆敷设。工作的内容包括开盘、检查、架盘、敷设、锯断、排列、整理、固定、收盘、临时封头、挂牌。

（9）户内干包式电力电缆头制作、安装。工作的内容包括定位、量尺寸、锯断、剥保护层及绝缘层、清洗、包缠绝缘、压连接管及接线端子、安装、接线。

（10）户内浇注式电力电缆终端头制作、安装。工作的内容包括定位、量尺寸、锯断、剥切清洗、内屏蔽层处理、包缠绝缘、压扎锁管及接线端子、装终端盒、配料浇注、安装接线。

（11）户内热缩式电力电缆终端头制作、安装。工作的内容包括定位、量尺寸、锯断、剥切清洗、内屏蔽层处理、焊接地线、压扎锁管以及接线端子、装热缩管、加热成形、安装、接线。

（12）户外电力电缆终端头制作、安装。工作的内容包括定位、量尺寸、锯断、剥切清洗、内屏蔽层处理、焊接地线、装热缩管、压接线端子、装终端盒、配料浇注、安装、接线。

（13）浇注式电力电缆中间头制作、安装。工作的内容包括定位、量尺寸、锯断、剥切清洗、内屏蔽层处理、焊接地线、压接线端子、装中间盒、配料浇注、安装。

（14）热缩式电力电缆中间头制作、安装。工作的内容包括定位、量尺寸、锯断、剥切清洗、内屏蔽层处理、焊接地线、装热缩管、压接线端子、加热成形、安装。

（15）控制电缆敷设。工作的内容包括开盘、检查、架盘、敷设、锯断、排列、整理、固定、收盘、临时封头、挂牌。

（16）控制电缆头制作、安装。工作的内容包括定位、量尺寸、锯断、剥切、包缠绝缘、安装、校接线。

（17）普通灯具的安装

1）吸顶灯具。工作的内容包括测定画线、打眼埋螺栓、装木台、灯具安装、接线、焊接包头。

2）其他普通灯具。工作的内容包括测定画线、打眼埋螺栓、上木台、支架安装、灯具组装、上绝缘子、保险器、吊链加工、接线、焊接包头。

（18）装饰灯具的安装。包括吊式、吸顶式艺术装饰灯具、荧光艺术装饰灯具，几何形状组合艺术灯具，标志、诱导装饰灯具，水下装饰灯具，点光源装饰灯具草坪灯具，歌舞厅灯具。工作的内容包括开箱检查，测定画线，打眼埋螺栓，支架制作、安装，灯具拼装固定、挂装饰部件，接焊线包头等。

（19）荧光灯具的安装。包括组装型和成套型，工作的内容包括测定画线、打眼埋螺栓、上木台、灯具组装（安装）、吊管、吊链加工、接线、焊接包头。

（20）路灯安装。工作的内容包括测定画线、打眼埋螺栓、支架安装、灯具安装、接线、接焊包头。

（21）开关、按钮、插座安装。工作的内容包括测定画线、打眼埋螺栓，清扫盒子，上木台，缠钢丝弹簧垫，装开关、按钮和插座，接线，装盖。

2. 工程量计算

（1）景观电气照明电缆工程

1）电缆敷设定额适用于10kV以下的电力电缆和控制电缆敷设。电缆敷设定额是按照平原地区及厂内电缆工程的施工条件编制的，未考虑在积水区、水底、井下等特殊条件下的电缆敷设。

2）电缆在通常山地、丘陵地区敷设时，其定额人工乘以系数1.3。此地段所需的施工材料如固定桩、夹具等按实另计。

3）电缆敷设定额未考虑由于波形敷设增加长度、弛度增加长度、电缆绕梁（柱）增加长度以及电缆与设备连接、电缆接头等必要的预留长度，该增加长度应当计入工程量之内。

4）电力电缆头定额都按照铝芯电缆考虑，铜芯电力电缆头按照同截面电缆头定额乘以系数1.2，双屏蔽电缆头制作、安装，人工乘以系数1.05。

5）电力电缆敷设定额都按照三芯（包括三芯连地）考虑，五芯电力电缆敷设定额乘以系数1.3，六芯电力电缆乘以系数1.6，每增加一芯，定额增加30%，以此类推。单芯电力电缆敷设按照同截面电缆定额乘以0.67。截面400mm^{2}以上至800mm^{2}的单芯电力电缆敷设，按照400mm^{2}电力电缆定额执行。240mm^{2}以上的电缆头的接线端子为异形端子，需要单独加工，应当按照实际加工价计算（或调整定额价格）。

6）电缆沟挖填方定额亦适用于电气管道沟等的挖填方工作。

7）桥架安装

① 桥架安装包括运输、组合、螺栓或焊接固定、弯头制作、附件安装、切割口防腐、桥式或托板式开孔、上管件隔板安装、盖板及钢制梯式桥架盖板安装。

② 桥架支撑架定额适用于立柱、托臂及其他各种支撑架的安装。定额已综合考虑采用螺栓、焊接和膨胀螺栓三种固定方式。实际施工中不论采用何种固定方式，定额均不调整。

③ 玻璃钢梯式桥架和铝合金梯式桥架定额均按照不带盖考虑。如这两种桥架带盖，则分别执行玻璃钢槽式桥架定额和铝合金槽式桥架定额。

④ 钢制桥架主结构设计厚度大于3mm时，定额人工、机械乘以系数1.2。

⑤ 不锈钢桥架按照钢制桥架定额乘以系数1.1。

8）电缆敷设定额系综合定额，已将裸包电缆、铠装电缆、屏蔽电缆等因素考虑在内。所以凡10kV以下的电力电缆和控制电缆均不分结构形式和型号，一律按照相应的电缆截面和芯数执行定额。

9）电缆敷设定额及其相配套的定额中均未包括主材（又称装置性材料），另按照设计和工程量计算规则加上定额规定的损耗率计算主材费用。

10）直径100mm以下的电缆保护管敷设执行配管配线有关定额。

11）本定额未包括的工作内容

① 隔热层、保护层的制作、安装。

② 电缆冬期施工的加温工作及在其他特殊施工条件下的施工措施费及施工降效增加费。

12）直埋电缆的挖、填土（石）方量，除特殊要求外，可按表7-1计算。

直埋电缆的挖、填土（石）方量　　表7-1

项　目	电缆根数	
	1～2	每增一根
每米沟长挖方量(m^3)	0.45	0.153

注：1. 两根以内的电缆沟，是按上口宽度600mm、下口宽度400mm、深度900mm计算的常规土方量（深度按规范的最低标准）。

2. 每增加一根电缆，其宽度增加170mm。

3. 以上土方量系按埋深从自然地坪起算，如设计埋深超过900mm时，多挖的土方量应另行计算。

13）电缆沟盖板揭、盖定额，按照每揭或每盖一次以延长米计算，如又揭又盖，则按照两次计算。

14）电缆保护管长度，除按照设计规定长度计算外，遇有下列情况，应当按照以下规定增加保护管长度：

① 横穿道路，按照路基宽度两端各增加 2m。

② 在垂直敷设时，管口距地面增加 2m。

③ 穿过建筑物外墙时，按照基础外缘以外增加 1m。

④ 在穿过排水沟时，按照沟壁外缘以外增加 1m。

15）电缆保护管埋地敷设，其土方量凡有施工图注明的，按照施工图计算；无施工图的，通常按照沟深 0.9m、沟宽按照最外边的保护管两侧边缘外各增加 0.3m 工作面计算。

16）电缆敷设按单根以延长米计算，一个沟内（或架上）敷设三根各长 100m 的电缆，应当按照 300m 计算，以此类推。

17）电缆敷设应当根据敷设路径的水平和垂直敷设长度，按照表 7-2 规定增加预留（附加）长度。

电缆敷设的预留（附加）长度 **表 7-2**

序号	项　　目	预留(附加)长度	说　　明
1	电缆敷设弛度、波形弯度、交叉	2.5%	按电缆全长计算
2	电缆进入建筑物	2.0m	规范规定最小值
3	电缆进入沟内或吊架时引上(下)预留	1.5m	规范规定最小值
4	变电所进线、出线	1.5m	规范规定最小值
5	电力电缆终端头	1.5m	检修余量最小值
6	电缆中间接头盒	两端各留 2.0m	检修余量最小值
7	电缆进控制、保护屏及模拟盘等	高＋宽	按盘面尺寸
8	高压开关柜及低压配电盘、箱	2.0m	盘下进出线
9	电缆至电动机	0.5m	从电机接线盒起算
10	厂用变压器	3.0m	从地坪起算
11	电缆绕过梁柱等增加长度	按实计算	按被绕物的断面情况计算增加长度
12	电梯电缆与电缆架固定点	每处 0.5m	规范最小值

注：电缆预留及附加的长度是电缆敷设长度的组成部分，应计入电缆长度工程量之内。

18）电缆终端头及中间头均以个为计量单位。电力电缆和控制电缆均按照一根电缆有两个终端头考虑。中间电缆头设计有图示的，按照设计确定；设计没有规定的，按照实际情况计算（或按平均 250m 一个中间头考虑）。

19）桥架安装，以 10m 为计量单位。

20）吊电缆的钢索及拉紧装置，应当按照相应定额另行计算。

21）钢索的计算长度以两端固定点的距离为准，不扣除拉紧装置的长度。

22）电缆敷设及桥架安装，应当按照定额说明的综合内容范围计算。

（2）景观电气照明器具安装工程

1）各型灯具的引导线，除了注明者之外，都已综合考虑在定额内，在执行时不得换算。

2）路灯、投光灯、碘钨灯、氙气灯、烟囱或水塔指示灯，都已考虑一般工程的高空作业因素，其他器具安装高度如超过5m，则应按照定额说明中规定的超高系数另行计算。

3）定额中装饰灯具项目均已考虑一般工程的超高作业因素，并包括脚手架搭拆费用。

4）装饰灯具定额项目与示意图号配套使用。

5）定额内已包括利用摇表测量绝缘以及一般灯具的试亮工作（但不包括调试工作）。

6）普通灯具安装的工程量，应区别灯具的种类、型号、规格，以套为计量单位计算。普通灯具安装定额适用范围，如表7-3所示。

普通灯具安装定额适用范围 **表7-3**

定额名称	灯具种类
圆球吸顶灯	材质为玻璃的螺口、卡口圆球独立吸顶灯
半圆球吸顶灯	材质为玻璃的独立的半圆球吸顶灯、扁圆罩吸顶灯、平圆形吸顶灯
方形吸顶灯	材质为玻璃的独立的矩形罩吸顶灯、方形罩吸顶灯、大口方罩顶灯
软线吊灯	利用软线作为垂吊材料，独立的，材质为玻璃、塑料、搪瓷，灯罩形状如碗、伞或平盘的各式软线吊灯
吊链灯	利用吊链作辅助悬吊材料，独立的，材质为玻璃、塑料罩的各式吊链灯
防水吊灯	一般防水吊灯
一般弯脖灯	圆球弯脖灯，风雨壁灯
一般墙壁灯	各种材质的一般壁灯、镜前灯
软线吊灯头	一般吊灯头
声光控座灯头	一般声控、光控座灯头
座灯头	一般塑胶、瓷质座灯头

7）吊式艺术装饰灯具的工程量，应根据装饰灯具示意图集所示，区别不同装饰物以有灯体直径和灯体垂吊长度，以套为计量单位计算。灯体直径为装饰物的最大外缘直径，灯体垂吊长度为灯座底部到灯梢之间的总长度。

8）吸顶式艺术装饰灯具安装的工程量，应根据装饰灯具示意图集所示，区别不同装饰物、吸盘的几何形状、灯体直径、灯体周长及灯体垂吊长度，以套为计量单位计算。灯体直径为吸盘最大外缘直径，灯体半周长为矩形吸盘的半周长，吸顶式艺术装饰灯具的灯体垂吊长度为吸盘到灯梢之间的总长度。

9）水下艺术装饰灯具安装的工程量，应根据装饰灯具示意图集所示，区别不同安装形式，以套为计量单位计算。

10）点光源艺术装饰灯具安装的工程量，应根据装饰灯具示意图集所示，区别不同安装形式、不同灯具直径，以套为计量单位计算。

11）草坪灯具安装的工程量，应根据装饰灯具示意图集所示，区别不同安装形式，以套为计量单位计算。

12）荧光灯具安装的工程量，应区别灯具的安装形式、灯具种类、灯管数量，以套为计量单位计算。荧光灯具安装定额适用范围，如表7-4所示。

荧光灯具安装定额适用范围 表 7-4

定额名称	灯具种类
组装型荧光灯	单管、双管、三管吊链式、吸顶式，现场组装独立荧光灯
成套型荧光灯	单管、双管、三管、吊链式、吊管式、吸顶式、成套独立荧光灯

13）路灯安装工程，应区别不同臂长、不同灯数，以套为计量单位计算。

工厂厂区内、住宅小区内路灯安装执行安装工程定额。城市道路的路灯安装执行《全国统一市政工程预算定额》。路灯安装定额范围，如表 7-5 所示。

路灯安装定额范围 表 7-5

定额名称	灯具种类
大马路弯灯	臂长 1200mm 以下，臂长 1200mm 以上
庭院路灯	三火以下，七火以下

14）开关、按钮安装的工程量，应区别开关、按钮安装形式，开关、按钮种类，开关极数以及单控与双控，以套为计量单位计算。

15）插座安装的工程量，应区别电源相数、额定电流、插座安装形式、插座插孔个数，以套为计量单位计算。

16）安全变压器安装的工程量，应区别安全变压器容量，以台为计量单位计算。

7.1.9 其他

1. 土方工程

（1）工作内容：包括平整场地，挖地槽、挖地坑、挖土方、回填土、运土等。

（2）工程量计算

1）工程量除注明者外，均按照图示尺寸以立方米计算。

2）挖土方凡平整场地厚度在 30cm 以上、槽底宽度在 3m 以上和坑底面积在 $20m^2$ 以上的挖土，均按照挖土方计算。

3）挖地槽凡槽宽在 3m 以内、槽长为槽宽 3 倍以上的挖土，均按照挖地槽计算。外墙地槽长度按其中心线长度计算，内墙地槽长度按内墙地槽的净长计算；宽度按照图示宽度计算；凸出部分挖土量应予以增加。

4）挖地坑凡挖土底面积在 $20m^2$ 以内，槽宽在 3m 以内，槽长小于槽宽 3 倍者按照挖地坑计算。

5）挖土方、地槽、地坑的高度，按照室外自然地坪至槽底的距离计算。

6）挖管沟槽，宽度按照规定尺寸计算，如无规定可以按照表 7-6 计算。沟槽长度不扣除检查井，检查井凸出管道部分的土方也不增加。

7）平整场地是指厚度在±30cm 以内的就地挖、填、找平工程，其工程量按照建筑物的首层建筑面积计算。

8）回填土、场地填土，分松填和夯填，以立方米计算。挖地槽原土回填的工程量，可以按照地槽挖土工程量乘以系数 0.6 计算。

① 满堂红挖土方，其设计室外地坪以下部分如采用原土，此部分不计取原土价值的措施费和各项间接费用。

沟槽底宽度　　表 7-6

管径/mm	铸铁管、钢管、石棉水泥管	混凝土管、钢筋混凝土管	缸瓦管
50～75	0.6	0.8	0.7
100～200	0.7	0.9	0.8
250～350	0.8	1.0	0.9
400～450	1.0	1.3	1.1
500～600	1.3	1.5	1.4

注：1. 本表为埋深在 1.5m 以内沟槽底宽度，单位为“m”。
2. 当深度在 2m 以内，有支撑时，表中数值适当增加 0.1m。
3. 当深度在 3m 以内，有支撑时，表中数值适当增加 0.2m。

② 大开槽四周的填土，按照回填土定额执行。

③ 地槽、地坑回填土的工程量，可以按照地槽地坑的挖土工程量乘以系数 0.6 计算。

④ 管道回填土按照挖土体积减去垫层和直径大于 500mm（包括 500mm）的管道体积计算。管道直径小于 500mm 的可不扣除其所占体积，管道在 500mm 以上的应减除管道体积。每米管道应当减土方量可以按照表 7-7 计算。

每米管道应减土方量（单位：m^3）　　表 7-7

管道种类	直径(mm)					
	500～600	700～800	900～1000	1100～1200	1300～1400	1500～1600
钢管	0.24	0.44	0.71	—	—	—
铸铁管	0.27	0.49	0.77	—	—	—
钢筋混凝土管及缸瓦管	0.33	0.60	0.92	1.15	1.35	1.55

⑤ 用挖槽余土做填土时，应当套用相应的填土定额，在结算时应减去其利用部分的土的价值，但措施费和各项间接费不予扣除。

2. 砖石工程

(1) 工作内容：包括砖基础与砌体，其他砌体，毛石基础及护坡等。

(2) 工程量计算

1) 一般规定

① 砌体砂浆强度等级为综合强度等级，编排预算时不得调整。

② 砌墙综合墙的厚度，划分为外墙和内墙。

③ 砌体内采用钢筋加固时，按照设计规定的质量，套用“砖砌体加固钢筋”定额。

④ 檐高是指由设计室外地坪至前后檐口滴水的高度。

2) 工程量计算规则

① 标准砖墙体计算厚度，按照表 7-8 计算。

标准砖墙体计算厚度　　表 7-8

墙体	1/4 砖	1/2 砖	3/4 砖	1 砖	$1\frac{1}{2}$砖	2 砖	$2\frac{1}{2}$砖	3 砖
计算厚度/mm	53	115	180	240	365	490	615	740

续表

项目编码	项目名称	项 目 特 征	计量单位	工程量计算规则	工 程 内 容
050201012	石桥面檐板	1. 石料种类、规格 2. 勾缝要求 3. 砂浆强度等级、配合比	m²	按设计图示尺寸以面积计算	1. 石材加工 2. 檐板铺设 3. 铁锔、银锭安装 4. 勾缝
050201013	石汀步（步石、飞石）	1. 石料种类、规格 2. 砂浆强度等级、配合比	m³	按设计图示尺寸以体积计算	1. 基层整理 2. 石材加工 3. 砂浆调运 4. 砌石
050201014	木制步桥	1. 桥宽度 2. 桥长度 3. 木材种类 4. 各部位截面长度 5. 防护材料种类	m²	按桥面板设计图示尺寸以面积计算	1. 木桩加工 2. 打木桩基础 3. 木梁、木桥板、木桥栏杆、木扶手制作、安装 4. 连接铁件、螺栓安装 5. 刷防护材料
050201015	栈道	1. 栈道宽度 2. 支架材料种类 3. 面层木材种类 4. 防护材料种类	m²	按栈道面板设计图示尺寸以面积计算	1. 凿洞 2. 安装支架 3. 铺设面板 4. 刷防护材料

注：1. 园路、园桥工程的挖土方、开凿石方、回填等应按现行国家标准《市政工程工程量计算规范》（GB 50857—2013）相关项目编码列项。
2. 如遇某些构配件使用钢筋混凝土或金属构件时，应按现行国家标准《房屋建筑与装饰工程工程量计算规范》（GB 50854—2013）或《市政工程工程计量计算规范》（GB 50857—2013）相关项目编码列项。
3. 地伏石、石望柱、石栏杆、石栏板、扶手、撑鼓等应按现行国家标准《仿古建筑工程工程量计算规范》（GB 50855—2013）相关项目编码列项。
4. 亲水（小）码头各分部分项项目按照园桥相应项目编码列项。
5. 台阶项目按现行国家标准《房屋建筑与装饰工程工程量计算规范》（GB 50854—2013）相关项目编码列项。
6. 混合类构件园桥按现行国家标准《房屋建筑与装饰工程工程量计算规范》（GB 50854—2013）或《通用安装工程工程量计算规范》（GB 50856—2013）相关项目编码列项。

7.2.5 驳岸、护岸

驳岸、护岸工程量清单项目设置及工程量计算规则，如表 7-13 所示。

驳岸、护岸（编码：050202） **表 7-13**

项目编码	项目名称	项 目 特 征	计量单位	工程量计算规则	工 程 内 容
050202001	石（卵石）砌驳岸	1. 石料种类、规格 2. 驳岸截面、长度 3. 勾缝要求 4. 砂浆强度等级、配合比	1. m³ 2. t	1. 以立方米计量，按设计图示尺寸以体积计算 2. 以吨计量，按质量计算	1. 石料加工 2. 砌石（卵石） 3. 勾缝
050202002	原木桩驳岸	1. 木材种类 2. 桩直径 3. 桩单根长度 4. 防护材料种类	1. m 2. 根	1. 以米计量，按设计图示桩长（包括桩尖）计算 2. 以根计量，按设计图示数量计算	1. 木桩加工 2. 打木桩 3. 刷防护材料

续表

项目编码	项目名称	项目特征	计量单位	工程量计算规则	工程内容
050202003	满(散)铺砂卵石护岸(自然护岸)	1. 护岸平均宽度 2. 粗细砂比例 3. 卵石粒径	1. m^2 2. t	1. 以平方米计量，按设计图示尺寸以护岸展开面积计算 2. 以吨计量，按卵石使用质量计算	1. 修边坡 2. 铺卵石
050202004	点(散)布大卵石	1. 大卵石粒径 2. 数量	1. 块(个) 2. t	1. 以块(个)计量，按设计图数量计算 2. 以吨计算，按卵石使用质量计算	1. 布石 2. 安砌 3. 成型
050202005	框格花木护岸	1. 展开宽度 2. 护坡材质 3. 框格种类与规格	m^2	按设计图示尺寸展开宽度乘以长度以面积计算	1. 修边坡 2. 安放框格

注：1. 驳岸工程的挖土方、开凿石方、回填等应按现行国家标准《房屋建筑与装饰工程工程量计算规范》（GB 50854—2013）附录 A 相关项目编码列项。
2. 木桩钎（梅花桩）按原木桩驳岸项目单独编码列项。
3. 钢筋混凝土仿木桩驳岸，其钢筋混凝土及表面装饰应按现行国家标准《房屋建筑与装饰工程工程量计算规范》（GB 50854—2013）相关项目编码列项，若表面“塑松皮”按国家标准《园林绿化工程工程量计算规范》（GB 50858—2013）附录 C“园林景观工程”相关项目编码列项。
4. 框格花木护岸的铺草皮、撒草籽等应按国家标准《园林绿化工程工程量计算规范》（GB 50858—2013）附录 A“绿化工程”相关项目编码列项。

7.2.6 堆塑假山

堆塑假山工程量清单项目设置及工程量计算规则，如表 7-14 所示。

堆塑假山（编码：050301） **表 7-14**

项目编码	项目名称	项目特征	计量单位	工程量计算规则	工程内容
050301001	堆筑土山丘	1. 土丘高度 2. 土丘坡度要求 3. 土丘底外接矩形面积	m^3	按设计图示山丘水平投影外接矩形面积乘以高度的 1/3 以体积计算	1. 取土、运土 2. 堆砌、夯实 3. 修整
050301002	堆砌石假山	1. 堆砌高度 2. 石料种类、单块质量 3. 混凝土强度等级 4. 砂浆强度等级、配合比	t	按设计图示尺寸以质量计算	1. 选料 2. 起重呆搭、拆 3. 堆砌、修整
050301003	塑假山	1. 假山高度 2. 骨架材料种类、规格 3. 山皮料种类 4. 混凝土强度等级 5. 砂浆强度等级、配合比 6. 防护材料种类	m^2	按设计图示尺寸以展开面积计算	1. 骨架制作 2. 假山胎模制作 3. 塑假山 4. 山皮料安装 5. 刷防护材料

续表

项目编码	项目名称	项 目 特 征	计量单位	工程量计算规则	工 程 内 容
050301004	石笋	1. 石笋高度 2. 石笋材料种类 3. 砂浆强度等级、配合比	支	1. 以块（支、个）计量，按设计图示数量计算 2. 以吨计量，按设计图示石料质量计算	1. 选石料 2. 石笋安装
050301005	点风景石	1. 石料种类 2. 石料规格、质量 3. 砂浆配合比	1. 块 2. t		1. 选石料 2. 起重架搭、拆 3. 点石
050301006	池、盆景置石	1. 底盘种类 2. 山石高度 3. 山石种类 4. 混凝土砂浆强度等级 5. 砂浆强度等级、配合比	1. 座(个) 2. t		1. 底盘制作、安装 2. 池、盆景山石安装、砌筑
050301007	山(卵)石护角	1. 石料种类、规格 2. 砂浆配合比	m^3	按设计图示尺寸以体积计算	1. 石料加工 2. 砌石
050301008	山坡(卵)石台阶	1. 石料种类、规格 2. 台阶坡度 3. 砂浆强度等级	m^2	按设计图示尺寸以水平投影面积计算	1. 选石料 2. 台阶砌筑

注：1. 假山（堆筑土山丘除外）工程的挖土方、开凿石方、回填等应按现行国家标准《房屋建筑与装饰工程工程量计算规范》（GB 50854—2013）相关项目编码列项。
2. 如遇某些构配件使用钢筋混凝土或金属构件时，应按现行国家标准《房屋建筑与装饰工程工程量计算规范》（GB 50854—2013）或《市政工程工程量计算规范》（GB 50857—2013）相关项目编码列项。
3. 散铺河滩石按点风景石项目单独编码列项。
4. 堆筑土山丘，适用于夯填、堆筑而成。

7.2.7 原木、竹构件

原木、竹构件工程量清单项目设置及工程量计算规则，如表 7-15 所示。

原木、竹构件（编码：050302） **表 7-15**

项目编码	项目名称	项 目 特 征	计量单位	工程量计算规则	工 程 内 容
050302001	原木(带树皮)柱、梁、檩、椽	1. 原木种类 2. 原木(稍)径(不含树皮厚度) 3. 墙龙骨材料种类、规格 4. 墙底层材料种类、规格 5. 构件联结方式 6. 防护材料种类	m	按设计图示尺寸以长度计算(包括榫长)	1. 构件制作 2. 构件安装 3. 刷防护材料
050302002	原木(带树皮)墙		m^2	按设计图示尺寸以面积计算(不包括柱、梁)	
050302003	树枝吊挂楣子			按设计图示尺寸以框外围面积计算	

续表

项目编码	项目名称	项目特征	计量单位	工程量计算规则	工程内容
050302004	竹柱、梁、檩、椽	1. 竹种类 2. 竹(直)梢径 3. 连接方式 4. 防护材料种类	m	按设计图示尺寸以长度计算	1. 构件制作 2. 构件安装 3. 刷防护材料
050302005	竹编墙	1. 竹种类 2. 墙龙骨材料种类、规格 3. 墙底层材料种类、规格 4. 防护材料种类	m²	按设计图示尺寸以面积计算(不包括柱、梁)	
050302006	竹吊挂楣子	1. 竹种类 2. 竹梢径 3. 防护材料种类		按设计图示尺寸以框外围面积计算	

注：1. 木构件连接方式应包括：开榫连接、铁件连接、扒钉连接、铁钉连接。
2. 竹构件连接方式应包括：竹钉固定、竹篾绑扎、铁丝连接。

7.2.8 亭廊屋面

亭廊屋面工程量清单项目设置及工程量计算规则，如表 7-16 所示。

亭廊屋面（编码：050303） **表 7-16**

项目编码	项目名称	项目特征	计量单位	工程量计算规则	工程内容
050303001	草屋面	1. 屋面坡度 2. 铺草种类 3. 竹材种类 4. 防护材料种类	m²	按设计图示尺寸以斜面计算	1. 整理、选料 2. 屋面铺设 3. 刷防护材料
050303002	竹屋面			按设计图示尺寸以实铺面积计算(不包括柱、梁)	
050303003	树皮屋面			按设计图示尺寸以屋面结构外围面积计算	
050303004	油毡瓦屋面	1. 冷底子油品种 2. 冷底子油涂刷遍数 3. 油毡瓦颜色规格		按设计图示尺寸以斜面计算	1. 清理基层 2. 材料裁接 3. 刷油 4. 铺设
050303005	预制混凝土穹顶	1. 穹顶弧长、直径 2. 肋截面尺寸 3. 板厚 4. 混凝土强度等级 5. 拉杆材质、规格	m³	按设计图示尺寸以体积计算。混凝土脊和穹顶的肋、基梁并入屋面体积	1. 模板制作、运输、安装、拆除、保养 2. 混凝土制作、运输、浇筑、振捣、养护 3. 构件运输、安装 4. 砂浆制作、运输 5. 接头灌缝、养护

续表

项目编码	项目名称	项 目 特 征	计量单位	工程量计算规则	工 程 内 容
050303006	彩色压型钢板(夹芯板)攒尖亭屋面板	1. 屋面坡度 2. 穹顶弧长、直径 3. 彩色压型钢板(夹芯)板品种、规格 4. 拉杆材质、规格 5. 嵌缝材料种类 6. 防护材料种类	m^2	按设计图示尺寸以实铺面积计算	1. 压型板安装 2. 护角、包角、泛水安装 3. 嵌缝 4. 刷防护材料
050303007	彩色压型钢板(夹芯板)穹顶				
050303008	玻璃屋面	1. 屋面坡度 2. 龙骨材质、规格 3. 玻璃材质、规格 4. 防护材料种类			1. 制作 2. 运输 3. 安装
050303009	木(防腐木)屋面	1. 木(防腐木)种类 2. 防护层处理			1. 制作 2. 运输 3. 安装

注：1. 柱顶石（磉蹬石）、钢筋混凝土屋面板、钢筋混凝土亭屋面板、木柱、木屋架、钢柱、钢屋架、屋面木基层和防水层等，应按现行国家标准《房屋建筑与装饰工程工程量计算规范》（GB 50854—2013）中相关项目编码列项。
2. 膜结构的亭、廊，应按现行国家标准《仿古建筑工程工程量计算规范》（GB 50855—2013）及《房屋建筑与装饰工程工程量计算规范》（GB 50854—2013）中相关项目编码列项。
3. 竹构件连接方式应包括：竹钉固定、竹篾绑扎、铁丝连接。

7.2.9 花架

花架工程量清单项目设置及工程量计算规则，如表 7-17 所示。

花架（编码：050304） **表 7-17**

项目编码	项目名称	项 目 特 征	计量单位	工程量计算规则	工 程 内 容
050304001	现浇混凝土花架柱、梁	1. 柱截面、高度、根数 2. 盖梁截面、高度、根数 3. 连系梁截面、高度、根数 4. 混凝土强度等级	m^3	按设计图示尺寸以体积计算	1. 模板制作、运输、安装、拆除、保养 2. 混凝土制作、运输、浇筑、振捣、养护
050304002	预制混凝土花架柱、梁	1. 柱截面、高度、根数 2. 盖梁截面、高度、根数 3. 连系梁截面、高度、根数 4. 混凝土强度等级 5. 砂浆配合比			1. 模板制作、运输、安装、拆除、保养 2. 混凝土制作、运输、浇筑、振捣、养护 3. 构件运输、安装 4. 砂浆制作、运输 5. 接头灌缝、养护
050304003	金属花架柱、梁	1. 钢材品种、规格 2. 柱、梁截面 3. 油漆品种、刷漆遍数	t	按设计图示尺寸以质量计算	1. 制作、运输 2. 安装 3. 油漆

续表

项目编码	项目名称	项目特征	计量单位	工程量计算规则	工程内容
050304004	木花架柱、梁	1. 木材种类 2. 柱、梁截面 3. 连接方式 4. 防护材料种类	m^3	按设计图示截面乘长度(包括榫长)以体积计算	1. 构件制作、运输、安装 2. 刷防护材料、油漆
050304005	竹花架柱、梁	1. 竹种类 2. 竹胸径 3. 油漆品种、刷漆遍数	1. m 2. 根	1. 以长度计量,按设计图示花架构件尺寸以延长米计算 2. 以根计量,按设计图示花架柱、梁数量计算	1. 制作 2. 运输 3. 安装 4. 油漆

注:花架基础、玻璃天棚、表面装饰及涂料项目应按现行国家标准《房屋建筑与装饰工程工程量计算规范》(GB 50854—2013)中相关项目编码列项。

7.2.10 园林桌椅

园林桌椅工程量清单项目设置及工程量计算规则,如表 7-18 所示。

园林桌椅(编码:050305) 表 7-18

项目编码	项目名称	项目特征	计量单位	工程量计算规则	工程内容
050305001	预制钢筋混凝土飞来椅	1. 座凳面厚度、宽度 2. 靠背扶手截面 3. 靠背截面 4. 座凳楣子形状、尺寸 5. 混凝土强度等级 6. 砂浆配合比	m	按设计图示尺寸以座凳面中心线长度计算	1. 模板制作、运输、安装、拆除、保养 2. 混凝土制作、运输、浇筑、振捣、养护 3. 构件运输、安装 4. 砂浆制作、运输、抹面、养护 5. 接头灌缝、养护
050305002	水磨石飞来椅	1. 座凳面厚度、宽度 2. 靠背扶手截面 3. 靠背截面 4. 座凳楣子形状、尺寸 5. 砂浆配合比			1. 砂浆制作、运输 2. 制作 3. 运输 4. 安装
050305003	竹制飞来椅	1. 竹材种类 2. 座凳而厚度、宽度 3. 靠背扶手截面 4. 靠背截面 5. 座凳楣子形状 6. 铁件尺寸、厚度 7. 防护材料种类			1. 座凳面、靠背扶手、靠背、楣子制作、安装 2. 铁件安装 3. 刷防护材料
050305004	现浇混凝土桌凳	1. 桌凳形状 2. 基础尺寸、埋没深度 3. 桌面尺寸、支墩高度 4. 凳面尺寸、支墩高度 5. 混凝土强度等级、砂浆配合比	个	按设计图示数量计算	1. 模板制作、运输、安装、拆除、保养 2. 混凝土制作、运输、浇筑、振捣、养护 3. 砂浆制作、运输

续表

项目编码	项目名称	项目特征	计量单位	工程量计算规则	工程内容
050305005	预制混凝土桌凳	1. 桌凳形状 2. 基础形状、尺寸、埋设深度 3. 桌面形状、尺寸、支墩高度 4. 凳面尺寸、支墩高度 5. 混凝土强度等级 6. 砂浆配合比	个	按设计图示数量计算	1. 模板制作、运输、安装、拆除、保养 2. 混凝土制作、运输、浇筑、振捣、养护 3. 构件运输、安装 4. 砂浆制作、运输 5. 接头灌缝、养护
050305006	石桌石凳	1. 石材种类 2. 基础形状、尺寸、埋设深度 3. 桌面形状、尺寸、支墩高度 4. 凳面尺寸、支墩高度 5. 混凝土强度等级 6. 砂浆配合比			1. 土方挖运 2. 桌凳制作 3. 桌凳运输 4. 桌凳安装 5. 砂浆制作、运输
050305007	水磨石桌凳	1. 基础形状、尺寸、埋设深度 2. 桌面形状、尺寸、支墩高度 3. 凳面尺寸、支墩高度 4. 混凝土强度等级 5. 砂浆配合比			1. 桌凳制作 2. 桌凳运输 3. 桌凳安装 4. 砂浆制作、运输
050305008	塑树根桌凳	1. 桌凳直径 2. 桌凳高度 3. 砖石种类 4. 砂浆强度等级、配合比 5. 颜料品种、颜色			1. 砂浆制作、运输 2. 砖石砌筑 3. 塑树皮 4. 绘制木纹
050305009	塑树节椅				
050305010	塑料、铁艺、金属椅	1. 木座板面截面 2. 座椅规格、颜色 3. 混凝土强度等级 4. 防护材料种类			1. 制作 2. 安装 3. 刷防护材料

注：木制飞来椅按现行国家标准《仿古建筑工程工程量计算规范》(GB 50855—2013) 相关项目编码列项。

7.2.11 喷泉安装

喷泉安装工程量清单项目设置及工程量计算规则，如表 7-19 所示。

喷泉安装（编码：050306）　　表 7-19

项目编码	项目名称	项目特征	计量单位	工程量计算规则	工程内容
050306001	喷泉管道	1. 管材、管件、阀门、喷头品种 2. 管道固定方式 3. 防护材料种类	m	按设计图示管道中心线长度以延长米计算，不扣除检查（阀门）井、阀门、管件及附件所占的长度	1. 土(石)方挖运 2. 管材、管件、阀门、喷头安装 3. 刷防护材料 4. 回填

续表

项目编码	项目名称	项目特征	计量单位	工程量计算规则	工程内容
050306002	喷泉电缆	1. 保护管品种、规格 2. 电缆品种、规格	m	按设计图示单根电缆长度以延长米计算	1. 土(石)方挖运 2. 电缆保护管安装 3. 电缆敷设 4. 回填
050306003	水下艺术装饰灯具	1. 灯具品种、规格 2. 灯光颜色	套	按设计图示数量计算	1. 灯具安装 2. 支架制作、运输、安装
050306004	电气控制柜	1. 规格、型号 2. 安装方式	台		1. 电气控制柜(箱)安装 2. 系统调试
050306005	喷泉设备	1. 设备品种 2. 设备规格、型号 3. 防护网品种、规格			1. 设备安装 2. 系统调试 3. 防护网安装

注：1. 喷泉水池应按现行国家标准《房屋建筑与装饰工程工程量计算规范》(GB 50854—2013) 中相关项目编码列项。
2. 管架项目应按现行国家标准《房屋建筑与装饰工程工程量计算规范》(GB 50854—2013) 中钢支架项目单独编码列项。

7.2.12 杂项

杂项清单工程量计算规则，如表 7-20 所示。

杂项（编码：050307） **表 7-20**

项目编码	项目名称	项目特征	计量单位	工程量计算规则	工程内容
050307001	石灯	1. 石料种类 2. 石灯最大截面 3. 石灯高度 4. 砂浆配合比	个	按设计图示数量计算	1. 制作 2. 安装
050307002	石球	1. 石料种类 2. 球体直径 3. 砂浆配合比			
050307003	塑仿石音箱	1. 音箱石内空尺寸 2. 铁丝型号 3. 砂浆配合比 4. 水泥漆颜色			1. 胎模制作、安装 2. 铁丝网制作、安装 3. 砂浆制作、运输 4. 喷水泥漆 5. 埋置仿石音箱
050307004	塑树皮梁、柱	1. 塑树种类 2. 塑竹种类 3. 砂浆配合比 4. 喷字规格、颜色 5. 油漆品种、颜色	1. m^2 2. m	1. 以平方米计量，按设计图示尺寸以梁柱外表面积计算 2. 以米计量，按设计图示尺寸以构件长度计算	1. 灰塑 2. 刷涂颜料
050307005	塑竹梁、柱				

续表

项目编码	项目名称	项 目 特 征	计量单位	工程量计算规则	工 程 内 容
050307006	铁艺栏杆	1. 铁艺栏杆高度 2. 铁艺栏杆单位长度质量 3. 防护材料种类	m	按设计图示尺寸以长度计算	1. 铁艺栏杆安装 2. 刷防护材料
050307007	塑料栏杆	1. 栏杆高度 2. 塑料种类			1. 下料 2. 安装 3. 校正
050307008	钢筋混凝土艺术围栏	1. 围栏高度 2. 混凝土强度等级 3. 表面涂敷材料种类	1. m^2 2. m	1. 以平方米计量,按设计图示尺寸以面积计算 2. 以米计量,按设计图示尺寸以延长米计算	1. 制作 2. 运输 3. 安装 4. 砂浆制作、运输 5. 接头灌缝、养护
050307009	标志牌	1. 材料种类、规格 2. 镌字规格、种类 3. 喷字规格、颜色 4. 油漆品种、颜色	个	按设计图示数量计算	1. 选料 2. 标志牌制作 3. 雕凿 4. 镌字、喷字 5. 运输、安装 6. 刷油漆
050307010	景墙	1. 土质类别 2. 垫层材料种类 3. 基础材料种类、规格 4. 墙体材料种类、规格 5. 墙体厚度 6. 混凝土、砂浆强度等级、配合比 7. 饰面材料种类	1. m^3 2. 段	1. 以立方米计量,按设计图示尺寸以体积计算 2. 以段计量,按设计图示尺寸以数量计算	1. 土(石)方挖运 2. 垫层、基础铺设 3. 墙体砌筑 4. 面层铺贴
050307011	景窗	1. 景窗材料品种、规格 2. 混凝土强度等级 3. 砂浆强度等级、配合比 4. 涂刷材料品种	m^2	按设计图示尺寸以面积计算	1. 制作 2. 运输 3. 砌筑安放 4. 勾缝 5. 表面涂刷
050307012	花饰	1. 花饰材料品种、规格 2. 砂浆配合比 3. 涂刷材料品种			
050307013	博古架	1. 博古架材料品种、规格 2. 混凝土强度等级 3. 砂浆配合比 4. 涂刷材料品种	1. m^2 2. m 3. 个	1. 以平方米计量,按设计图示尺寸以面积计算 2. 以米计量,按设计图示尺寸以延长米计算 3. 以个计量,按设计图示数量计算	1. 制作 2. 运输 3. 砌筑安放 4. 勾缝 5. 表面涂刷

续表

项目编码	项目名称	项目特征	计量单位	工程量计算规则	工程内容
050307014	花盆(坛、箱)	1. 花盆(坛)的材质及类型 2. 规格尺寸 3. 混凝土强度等级 4. 砂浆配合比	个	按设计图示尺寸以数量计算	1. 制作 2. 运输 3. 安放
050307015	摆花	1. 花盆(钵)的材质及类型 2. 花卉品种与规格	1. m^2 2. 个	1. 以平方米计量,按设计图示尺寸以水平投影面积计算 2. 以个计量,按设计图示数量计算	1. 搬运 2. 安放 3. 养护 4. 撤收
050307016	花池	1. 土质类别 2. 池壁材料种类、规格 3. 混凝土、砂浆强度等级、配合比 4. 饰面材料种类	1. m^3 2. m 3. 个	1. 以立方米计量,按设计图示尺寸以体积计算 2. 以米计量,按设计图示尺寸以池壁中心线处延长米计算 3. 以个计量,按设计图示数量计算	1. 垫层铺设 2. 基础砌(浇)筑 3. 墙体砌(浇)筑 4. 面层铺贴
050307017	垃圾箱	1. 垃圾箱材质 2. 规格尺寸 3. 混凝土强度等级 4. 砂浆配合比	个	按设计图示尺寸以数量计算	1. 制作 2. 运输 3. 安放
050307018	砖石砌小摆设	1. 砖种类、规格 2. 石种类、规格 3. 砂浆强度等级、配合比 4. 石表面加工要求 5. 勾缝要求	1. m^3 2. 个	1. 以立方米计量,按设计图示尺寸以体积计算 2. 以个计量,按设计图示尺寸以数量计算	1. 砂浆制作、运输 2. 砌砖、石 3. 抹面、养护 4. 勾缝 5. 石表面加工
050307019	其他景观小摆设	1. 名称及材质 2. 规格尺寸	个	按设计图示尺寸以数量计算	1. 制作 2. 运输 3. 安装
050307020	柔性水池	1. 水池深度 2. 防水(漏)材料品种	m^2	按设计图示尺寸以水平投影面积计算	1. 清理基层 2. 材料裁接 3. 铺设

注：砌筑果皮箱，放置盆景的须弥座等，应按砖石砌小摆设项目编码列项。

7.3 园林景观工程工程量计算实例

【例 7-1】 某公园有一块不太规则的绿化用地，外观如图 7-1 所示。已知此绿地土壤为二类土，需要整理厚度为±240mm。请计算此绿地的清单工程量。

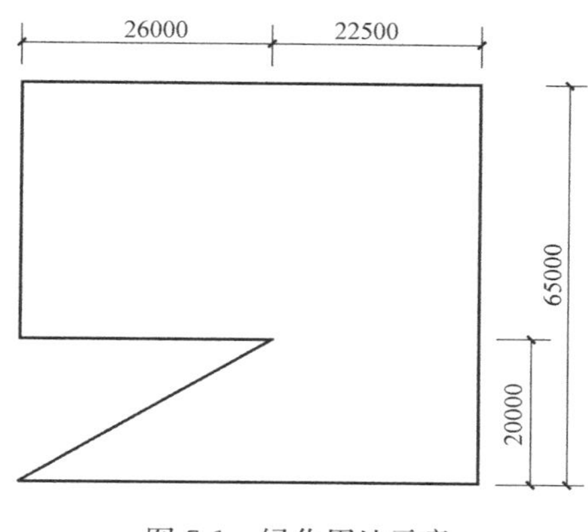

图 7-1 绿化用地示意

【解】

根据工程量计算规则可知，整理绿化用地工程量应按设计图示尺寸以面积计算：

$$S=(26+22.5)\times65-26\times20\times\frac{1}{2}=3152.5-260=2892.50\text{m}^2$$

清单工程量计算，如表 7-21 所示。

清单工程量计算表 **表 7-21**

项目编码	项目名称	项目特征描述	计量单位	工程量
050101010001	整理绿化用地	二类土	m^2	2892.50

【例 7-2】 某局部绿化示意图如图 7-2 所示，共有 4 个入口，有 4 个一样大小的模纹花坛，请计算铺种草皮清单工程量、模纹种植清单工程量（养护期为 2 年）。

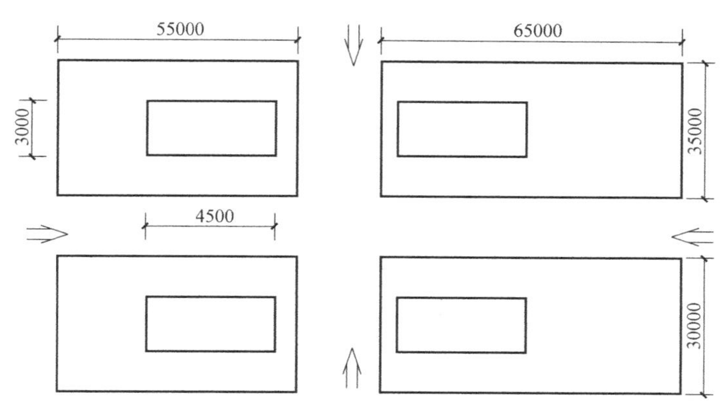

图 7-2 某局部绿化示意

【解】

(1) 根据工程量计算规则可知，铺种草皮清单工程量应按设计图示尺寸以面积计算：

$$S=55\times35+65\times35+65\times30+55\times30-4.5\times3\times4=7746.00\text{m}^2$$

(2) 根据工程量计算规则可知，模纹种植清单工程量应按设计图示尺寸以面积计算：

$$S=4.5\times3\times4=54.00\text{m}^2$$

清单工程量计算，如表 7-22 所示。

清单工程量计算表 **表 7-22**

序号	项目编码	项目名称	项目特征描述	计量单位	工程量
1	050102012001	铺种草皮	养护两年	m^2	7746.00
2	050102013001	喷播植草	养护两年	m^2	54.00

【例 7-3】 某桥面的铺装构造如图 7-3 所示，桥面用水泥混凝土铺装厚 6cm，桥面檐板为石板铺装，厚度为 10cm，桥面长为 9m、宽为 3m，为了便于排水，桥面设置 1.5% 的横坡，试求其清单工程量。

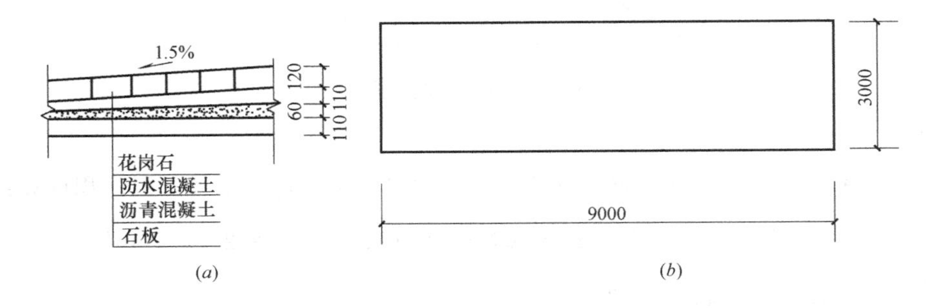

图 7-3 桥面构造示意
(a) 剖面图；(b) 平面图

【解】

(1) 根据工程量计算规则可知，石桥面铺筑工程量应按设计图示尺寸以面积计算：

桥面各构造层的面积都相同，为 $9\times3=27.00m^2$

(2) 根据工程量计算规则可知，石桥面檐板工程量应按设计图示尺寸以面积计算：

该石桥面檐板面积为 $3\times9=27.00m^2$

清单工程量计算，如表 7-23 所示。

清单工程量计算表 **表 7-23**

序号	项目编码	项目名称	项目特征描述	计量单位	工程量
1	050201011001	石桥面铺筑	花岗石厚 120mm，防水混凝土 110mm，沥青混凝土 60mm，石板 110mm	m^2	27.00
2	050201012001	石桥面檐板	石板铺装，厚 10cm	m^2	27.00

【例 7-4】 如图 7-4 所示为某公园一个局部台阶，两头分别为路面，中间为 4 个台阶，请计算这个局部的园路清单工程量（园路不包括路牙）。

【解】

根据工程量计算规则可知，这个局部的园路清单工程量应按设计图示尺寸以面积计算，不包括路牙：

$$S=(4+0.35\times4+0.25\times5+3)\times1.8=17.37m^2$$

清单工程量计算，如表 7-24 所示。

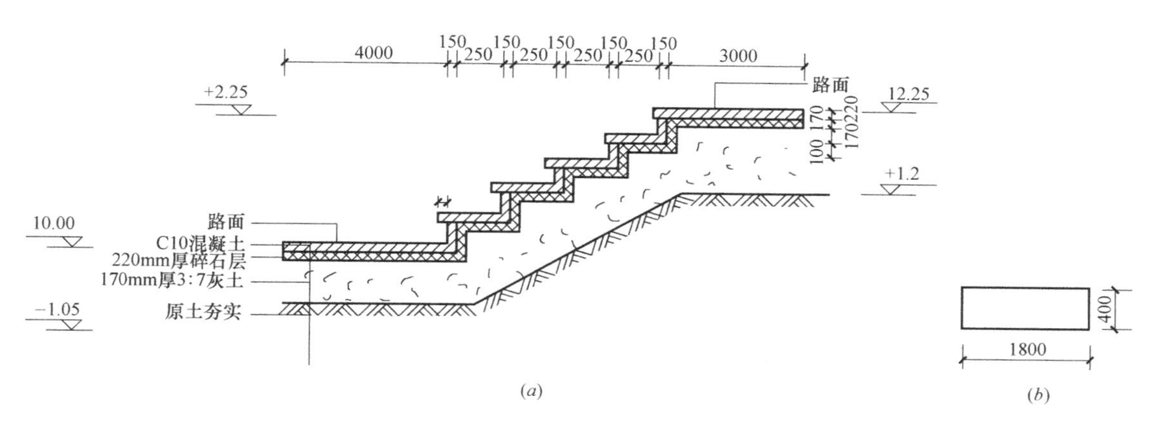

图 7-4 台阶示意
(a) 台阶剖面图；(b) 单个台阶平面图

清单工程量计算表 **表 7-24**

项目编码	项目名称	项目特征描述	计量单位	工程量
050201001001	园路	3∶7 灰土垫层厚 170mm，碎石垫层厚 220mm，路面铺设大理石	m^2	17.37

【例 7-5】 某园林内人工湖为原木桩驳岸，如图 7-5 所示，假山占地面积为 150m²，木桩为柏木桩，桩高 1.6m，直径为 13cm，共 6 排，两桩之间距离为 20cm，打木桩时挖圆形地坑，地坑深 1m，半径为 8cm，试求其清单工程量。

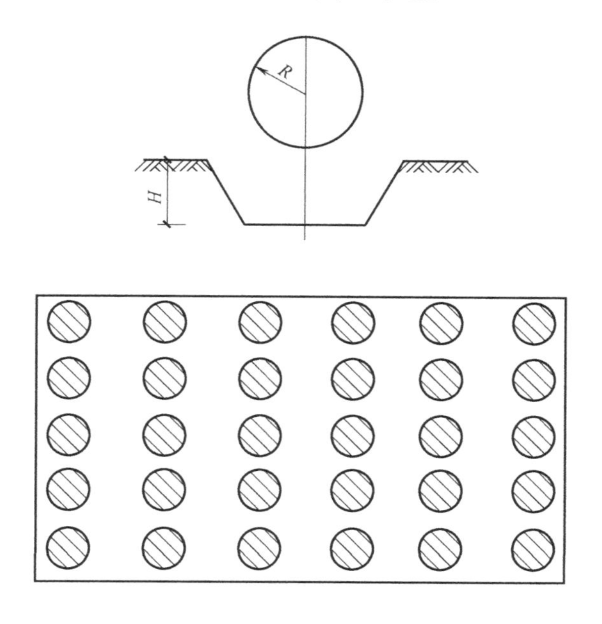

图 7-5 原木桩驳岸平面示意

【解】 根据工程量计算规则可知，原木桩驳岸工程量应按设计图示桩长（包括桩尖）计算。

原木桩驳岸长度：L=1 根木桩的长度×根数=1.6×30=48.00m

清单工程量计算，如表 7-25 所示。

清单工程量计算表　　表 7-25

序号	项目编码	项目名称	项目特征描述	计量单位	工程量
1	050202002001	原木桩驳岸	柏木桩，桩高 1.6m，直径 13cm，共 6 排	m	48.00

【例 7-6】 某植物园竹林旁边以石笋石作点缀，其石笋石采用白果笋，具体布置造型尺寸如图 7-6 所示，试计算其清单工程量。

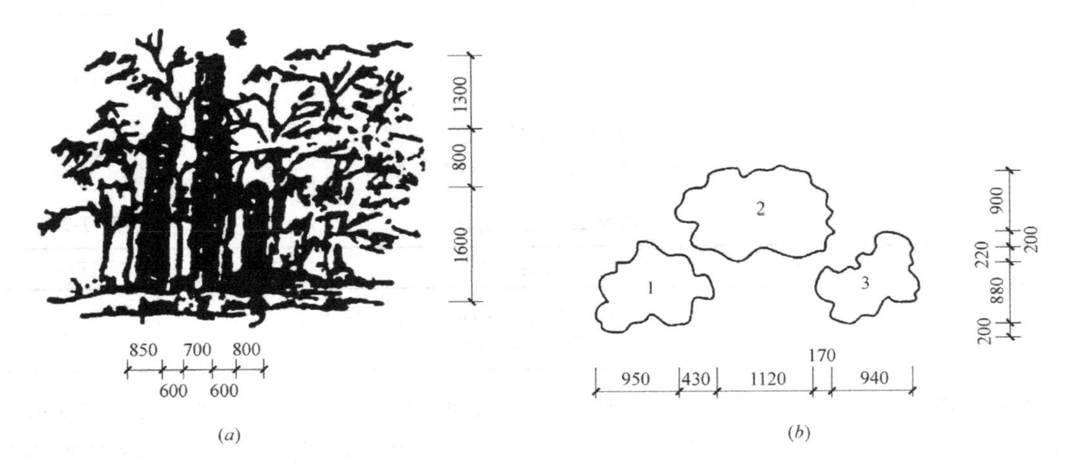

图 7-6　白果笋示意

(a) 立面图；(b) 平面图

【解】 根据工程量计算规则可知，石笋清单工程量应按设计图示数量计算。

该景区共布置有 3 支白果笋。

清单工程量计算，如表 7-26 所示。

清单工程量计算表　　表 7-26

序号	项目编码	项目名称	项目特征描述	计量单位	工程量
1	050301004001	石笋	白果笋，高 2.4m	支	1
2	050301004002	石笋	白果笋，高 3.7m	支	1
3	050301004003	石笋	白果笋，高 1.6m	支	1

【例 7-7】 某公园园林假山如图 7-7 所示，计算其清单工程量（三类土）。

【解】

(1) 平整场地

平均宽度：(6.8+1.7)/2=4.3m

长度=14.5m

假山平整场地以其底面积乘以系数 2 以平方米计算：

S=2×4.3×14.5=124.7m^2

(2) 人工挖土

挖土平均宽度：4.3+(0.08+0.1)×2=4.66m

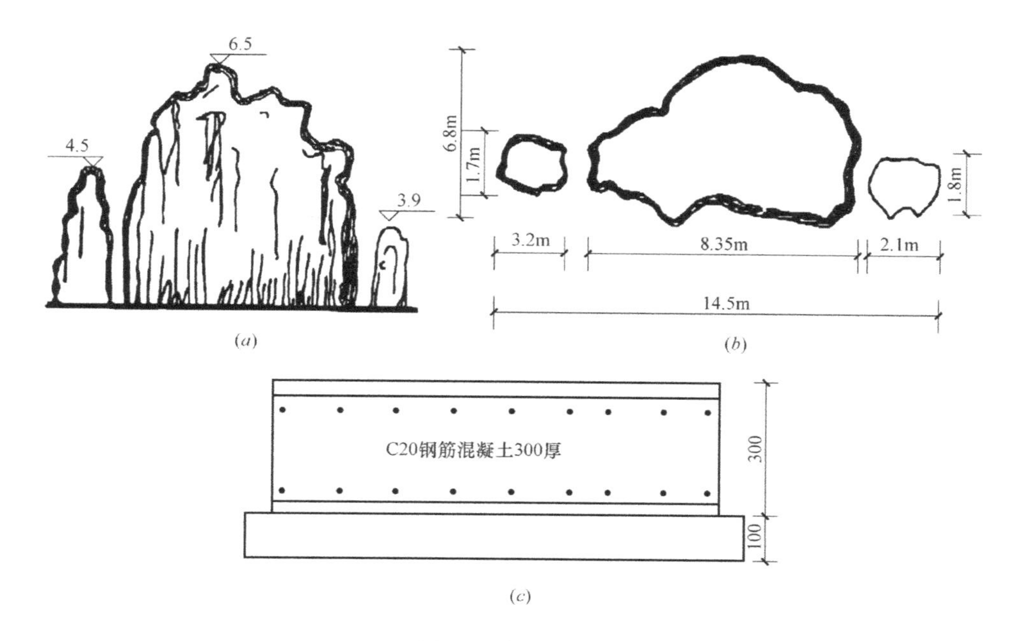

图 7-7　假山示意

(a) 立面图；(b) 平面图；(c) 基础垫层图

挖土平均长度：14.5+(0.08+0.1)×2=14.86m

挖土深度：0.1+0.3=0.4m

$$V=长×宽×高=4.66×14.86×0.4=27.70m^3$$

(3) 道碴垫层 (100mm 厚)

$$V=平均宽度×平均长度×深度=4.66×14.86×0.1=6.92m^3$$

(4) C20 钢筋混凝土垫层 (300mm 厚)

$$长=14.5+0.1×2=14.7m$$

$$宽=4.3+0.1×2=4.5m$$

$$V=长×宽×高=14.7×4.5×0.3=19.85m^3$$

(5) 钢筋混凝土模板

$$S=V×模板系数=19.85×0.26=5.16m^2$$

(6) 钢筋混凝土钢筋

$$T=V×钢筋系数=19.85×0.079=1.57t$$

(7) 假山堆砌

1) 6.5m 处：W_a=长×宽×高×高度系数×太湖石表观密度=6.8×8.35×6.5×0.55×1.8=365.38t

2) 4.5m 处：W_b=长×宽×高×高度系数×太湖石表观密度=1.7×3.2×4.5×0.55×1.8=24.24t

3) 3.9m 处：W_c=长×宽×高×高度系数×太湖石表观密度=2.1×1.8×3.9×0.55×1.8=14.59t

太湖石总用量：$W=W_a+W_b+W_c=365.38+24.24+14.59=404.21t$

【例 7-8】 某公园花架用现浇混凝土花架柱、梁搭接而成，已知花架总长度为7.49m，宽 2.5m，花架柱、梁具体尺寸、布置形式如图 7-8 所示，该花架基础为混凝土基础，厚 650mm，试计算其清单工程量。

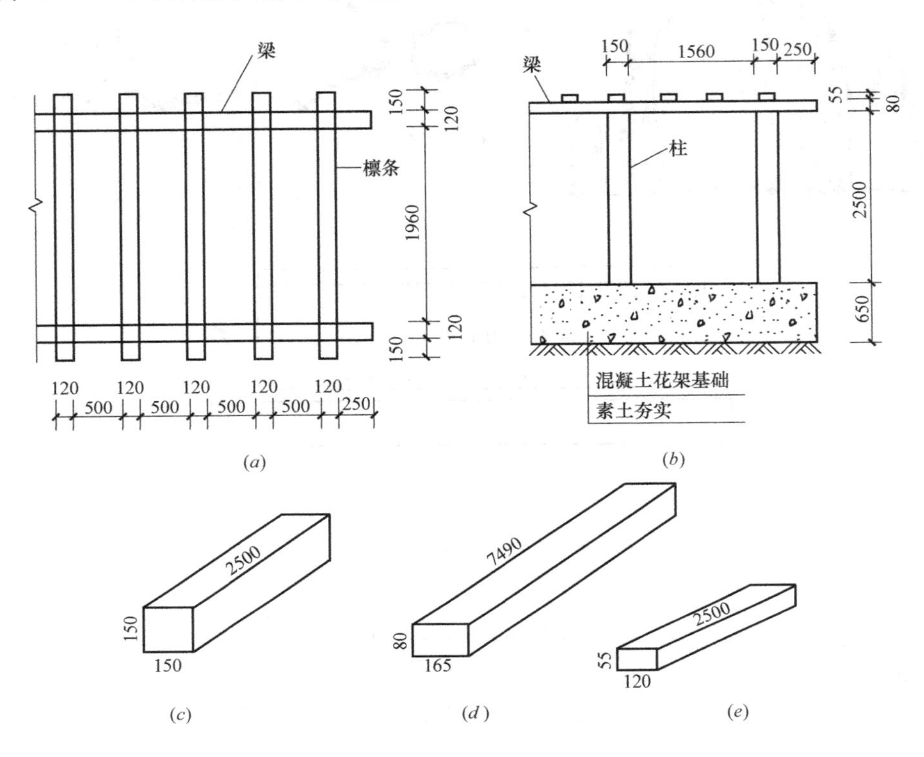

图 7-8 花架构造示意

(a) 平面图；(b) 剖面图；(c) 柱尺寸示意；(d) 纵梁尺寸示意；(e) 小檩条尺寸示意

【解】

根据工程量计算规则可知，现浇混凝土花架柱、梁工程量应按设计图示尺寸以体积计算。

(1) 现浇混凝土花架柱的工程量计算：首先，根据已知条件及图示计算出花架一侧的柱子数目，设为 x，则有如下关系式：

$$0.25\times2+0.15x+1.56(x-1)=7.49$$

$$x=5$$

则可得出整个花架共有 5×2 根=10 根柱子。

则该花架现浇混凝土花架柱工程量=柱子底面积×高×10 根

$=0.15\times0.15\times2.5\times10=0.56\text{m}^3$

(2) 现浇混凝土花架梁的工程量计算：

花架纵梁的工程量=纵梁断面面积×长度×2 根

$=0.165\times0.08\times7.49\times2=0.20\text{m}^3$

关于花架檩条先根据已知条件及图示计算出它的数目，设为 y，则有如下关系式：

$$0.25\times2+0.12y+0.5(y-1)=7.49$$

$y=12$，则共有 12 根檩条。

其工程量＝檩条断面面积×长度×12 根

$$=0.12\times0.055\times2.5\times12=0.20\text{m}^3$$

清单工程量计算，如表 7-27 所示。

清单工程量计算表　　　　表 7-27

序号	项目编码	项目名称	项目特征描述	计量单位	工程量
1	050304001001	现浇混凝土花架柱	花架柱的截面为 150mm×150mm，柱高 2.5m，共 10 根	m^3	0.56
2	050304001002	现浇混凝土花架梁	花架纵梁的截面为 165mm×80mm，梁长 7.49m，共 2 根	m^3	0.20
3	050304001003	现浇混凝土花架梁	花架檩条截面为 120mm×55mm，檩条长 2.5m，共 12 根	m^3	0.20

【例 7-9】 园林建筑小品塑树根桌凳，如图 7-9 所示，请计算其清单工程量（桌凳直径为 0.8m）。

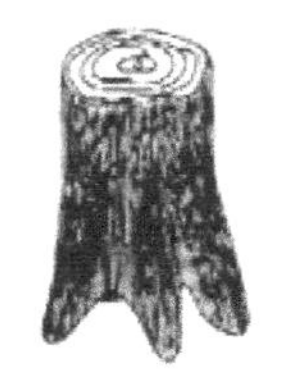  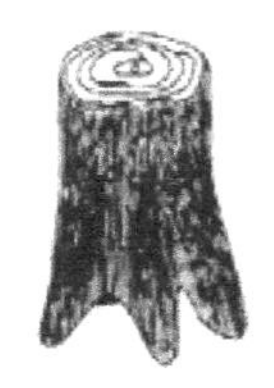  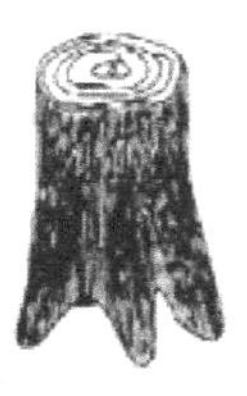

图 7-9　塑树根桌凳示意

【解】

根据工程量计算规则可知，塑树根桌凳清单工程量应按设计图示数量计算：

树根凳子 5 个。

清单工程量计算，如表 7-28 所示。

清单工程量计算表　　　　表 7-28

项目编码	项目名称	项目特征描述	计量单位	工程量
050305008001	塑树根桌凳	桌凳直径 0.8m	个	5

【例 7-10】 某圆形喷水池，如图 7-10 所示，池底装有照明灯和喷泉管道，喷泉管道每根长 9.2m。喷水池总高为 1.55m，埋地下 0.55m，露出地面 1m，喷水池半径为 6m，用砖砌石壁，池壁宽 0.45m，外面用水泥砂浆抹平，池底为现场搅拌混凝土池底，池底厚 300mm。池底从上往下依次为防水砂浆，二毡三油沥青卷材防水层，200mm 厚素混凝土，150mm 厚混合料垫层，素土夯实。试计算其清单工程量。

【解】

根据工程量计算规则可知，喷泉管道清单工程量应按设计图示管道中心线长度以延长米计算，不扣除检查（阀门）井、阀门、管件及附件所占长度。

管道长度：$L=8\times9.2=73.6\text{m}$

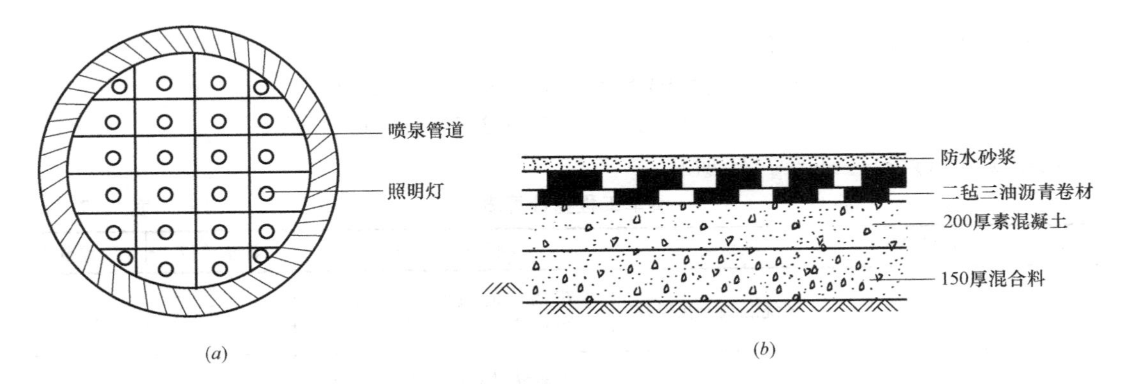

图 7-10 圆形喷水池内部示意图
(a) 圆形喷水池平面图；(b) 池底剖面图

水下艺术装饰灯清单工程量按设计图示数量计算。

水下照明灯工程量=24 套

清单工程量计算，如表 7-29 所示。

清单工程量计算表 **表 7-29**

序号	项目编码	项目名称	项目特征描述	计量单位	工程量
1	050306001001	喷泉管道	喷泉管道每根长 9.2m	m	73.6
2	050306003001	水下艺术装饰灯具	水下照明灯 24 套	套	24

【例 7-11】 某人工湖沿湖边装有一排方锥形石灯共 40 个，既可以在晚上起到照明的效果，又可以供游人欣赏，石灯身为方锥台灯身，平均截面为 500mm×500mm，上底面为 600mm×600mm，下底面为 400mm×400mm，灯身高 450mm，厚 50mm，灯身上装有灯帽，灯帽边长为 800mm，厚 50mm。灯身下有矩形灯座，尺寸为 600mm×500mm×100mm。试计算石灯清单工程量。

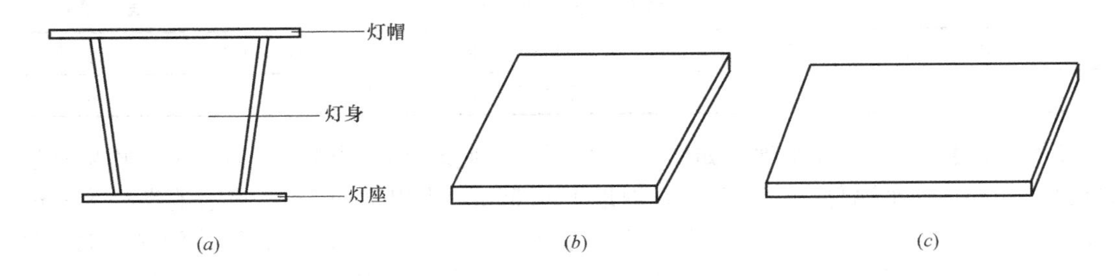

图 7-11 石灯示意
(a) 石灯立面图；(b) 灯帽示意；(c) 灯座示意

【解】

根据工程量计算规则可知，石灯工程量应按设计图示数量计算。

石灯工程量=40 个

清单工程量计算，如表 7-30 所示。

清单工程量计算表　　表 7-30

项目编码	项目名称	项目特征描述	计量单位	工程量
050307001001	石灯	方锥形石灯共 40 个	个	40

【例 7-12】 某公园绿地，共栽植广玉兰 40 株（胸径 7～8cm），旱柳 85 株（胸径 9～10cm），如图 7-12 所示。试计算工程量，并填写分部分项工程量清单与计价表和工程量清单综合单价分析表。

图 7-12　种植示意

【解】

根据施工图计算可知：

广玉兰（胸径 7～8cm），40 株，旱柳（胸径 9～10cm），85 株，共 125 株。

（1）广玉兰（胸径 7～8cm），40 株

1）普坚土种植（胸径 7～8cm）

① 人工费：14.37×40＝574.80 元

② 材料费：5.99×40＝239.60 元

③ 机械费：0.34×40＝13.60 元

④ 合计：574.8＋239.6＋13.6＝828.00 元

2）普坚土掘苗，胸径 10cm 以内

① 人工费：8.47×40＝338.80 元

② 材料费：0.17×40＝6.80 元

③ 机械费：0.20×40＝8.00 元

④ 合计：338.8＋6.8＋8＝353.60 元

3）裸根乔木客土（100×70），胸径 7～10cm

① 人工费：3.76×40＝150.40 元

② 材料费：0.55×40×5＝110.00 元

③ 机械费：0.07×40＝2.80 元

④ 合计：150.4＋110＋2.8＝263.20 元

4）场外动苗，胸径 10cm 以内，40 株

① 人工费：5.15×40=206.00 元
② 材料费：0.24×40=9.60 元
③ 机械费：7.00×40=280.00 元
④ 合计：206+9.6+280=495.60 元
5）广玉兰（胸径 7~8cm）
① 材料费：76.5×40=3060.00 元
② 合计：3060.00 元
6）综合：
① 直接费小计：828+353.6+263.2+495.6+3060=5000.40 元
其中人工费：574.8+338.8+150.4+206=1270.00 元
② 管理费：5000.4×34%=1700.14 元
③ 利润：5000.4×8%=400.03 元
④ 小计：5000.4+1700.14+400.03=7100.57 元
⑤ 综合单价：7100.57÷40=177.51 元/株
（2）旱柳（胸径 9~10cm），85 株
1）普坚土种植（胸径 7~8cm）
① 人工费：14.37×85=1221.45 元
② 材料费：5.99×85=509.15 元
③ 机械费：0.34×85=28.90 元
④ 合计：1221.45+509.15+28.9=1759.50 元
2）普坚土掘苗，胸径 10cm 以内
① 人工费：8.47×85=719.95 元
② 材料费：0.17×85=14.45 元
③ 机械费：0.20×85=17.00 元
④ 合计：719.95+14.45+17=751.40 元
3）裸根乔木客土（100×70），胸径 7~10cm
① 人工费：3.76×85=319.60 元
② 材料费：0.55×85×5=233.75 元
③ 机械费：0.07×85=5.95 元
④ 合计：319.6+233.75+5.95=559.30 元
4）场外动苗，胸径 10cm 以内，85 株
① 人工费：5.15×85=437.75 元
② 材料费：0.24×85=20.40 元
③ 机械费：7.00×85=595.00 元
④ 合计：437.75+20.4+595=1053.15 元
5）旱柳（胸径 9~10cm）
① 材料费：28.8×85=2448.00 元
② 合计：2448.00 元
6）综合：

① 直接费小计：1759.5＋751.4＋559.3＋1053.15＋2448＝6571.35 元

其中人工费：1221.45＋719.95＋319.6＋437.75＝2698.75 元

② 管理费：6571.35×34％＝2234.26 元

③ 利润：6571.35×8％＝525.71 元

④ 小计：6571.35＋2234.26＋525.71＝9331.32 元

⑤ 综合单价：9331.32÷85＝109.78 元/株

分部分项工程和单价措施项目清单与计价表、综合单价分析表，如表 7-31～表 7-33 所示。

分部分项工程和单价措施项目清单与计价表 **表 7-31**

工程名称：公园绿地　　标段　　第　页　共　页

序号	项目编码	项目名称	项目特征描述	计量单位	工程量	金额/元		
						综合单价	合价	其中 暂估价
1	050102001001	栽植乔木	广玉兰，胸径 7～8cm	株	40	177.51	7100.57	
2	050102001002	栽植乔木	旱柳，胸径 9～10cm	株	85	109.78	9331.32	
本页小计							16431.89	
合计							16431.89	

综合单价分析表 **表 7-32**

工程名称：公园绿地　　标段　　第　页　共　页

项目编码	050102001001	项目名称	栽植乔木	计量单位	株	工程量	40

清单综合单价组成明细

定额编号	定额名称	定额单位	数量	单价/元			合价/元			
				人工费	材料费	机械费	人工费	材料费	机械费	管理费和利润
2-3	普坚土种植，胸径10cm 以内	株	40	14.37	5.99	0.34	574.80	239.60	13.60	347.76
3-1	普坚土掘苗，胸径10cm 以内	株	40	8.47	0.17	0.20	338.80	6.80	8.00	148.51
3-25	场外运苗，胸径10cm 以内	株	40	5.15	0.24	7.00	206.00	9.60	280.00	208.15

续表

项目编码	050102001001		项目名称	栽植乔木		计量单位	株	工程量		40
清单综合单价组成明细										
定额编号	定额名称	定额单位	数量	单价/元			合价/元			
				人工费	材料费	机械费	人工费	材料费	机械费	管理费和利润
4-3	裸根乔木客土(100×70),胸径10cm以内	株	40	3.76	0.55	0.07	150.40	110.00	2.80	110.54
—	阔瓣玉兰,胸径10cm以内	株	40	—	76.50	—	—	3060.00	—	1285.20
人工单价/(元/工日)		小计					1270.00	3426.00	304.40	2100.16
25		未计价材料费/元					110.00			
清单项目综合单价/元							177.51			
材料费明细	主要材料名称、规格、型号				单位	数量	单价/元	合价/元	暂估单价/元	暂估合价/元
	土				m^3	22.00	5.00	110.00	—	—
	其他材料费						—	—	—	—
	材料费小计						—	110.00	—	—

注:管理费费率采用34%,利润率采用8%。

综合单价分析表 **表7-33**

工程名称:公园绿地　　标段　　第　页　共　页

项目编码	050102001002	项目名称	栽植乔木	计量单位	株	工程量		85		
清单综合单价组成明细										
定额编号	定额名称	定额单位	数量	单价/元			合价/元			
				人工费	材料费	机械费	人工费	材料费	机械费	管理费和利润
2-3	普坚土种植,胸径10cm以内	株	85	14.37	5.99	0.34	1221.45	509.15	28.90	738.99
3-1	普坚土掘苗,胸径10cm以内	株	85	8.47	0.17	0.20	719.95	14.45	17.00	315.59
3-25	场外运苗,胸径10cm以内	株	85	5.15	0.24	7.00	437.75	20.40	595.00	442.32
4-3	裸根乔木客土(100×70),胸径10cm以内	株	85	3.76	0.55	0.07	319.60	233.75	5.95	234.91
—	旱柳,胸径9~10cm以内	株	85	—	28.80	—	—	2448.00	—	1028.16
人工单价/(元/工日)		小计					2698.75	3225.75	646.85	2759.97
25		未计价材料费/元					233.75			
清单项目综合单价/元							109.78			

续表

	主要材料名称、规格、型号	单位	数量	单价/元	合价/元	暂估单价/元	暂估合价/元
材料费明细	土	m^3	46.75	5.00	233.75	—	—
	其他材料费			—	—	—	—
	材料费小计			—	233.75	—	—

注：管理费费率采用34%，利润率采用8%。

【例7-13】 某广场园路，面积154m²，垫层厚度、宽度、材料种类：混凝土垫层宽2.5m，厚130mm；路面宽度、材料种类：水泥砖路面，宽2.5m；混凝土、砂浆强度等级为C20混凝土垫层，M5混合砂浆结合层。试计算工程量，并填写分部分项工程量清单与计价表和工程量清单综合单价分析表。

【解】

投标人计算（按单价）如下：

（1）园路土基，整理路床工程量为154×0.3=46.20m³（按30cm厚计算）。

1）人工费：6.18×46.2=285.52元

2）机械费：0.74×46.2=34.19元

3）合计：285.52+34.19=319.71元

（2）基础垫层（混凝土）工程量为154×0.13=20.02m³。

1）人工费：38.13×20.02=763.36元

2）材料费：126.48×20.02=2532.13元

3）机械使用费：11.56×20.02=231.43元

4）合计：763.36+2532.13+231.43=3526.92元

（3）预制水泥方格砖面层（浆垫）工程量为154.00m²。

1）人工费：3.35×154=515.90元

2）材料费：35.59×154=5480.86元

3）机械使用费：0.07×154=10.78元

4）合计：515.9+5480.86+10.78=6007.54元

（4）综合

1）直接费用合计：319.71+3526.92+6007.54=9854.17元

2）管理费：9854.17×34%=3350.42元

3）利润：9854.17×8%=788.33元

4）合价：9854.17+3350.42+788.33=13992.92元

5）综合单价：13992.92/154=90.86元

分部分项工程和单价措施项目清单与计价表、综合单价分析表，如表7-34、表7-35所示。

分部分项工程和单价措施项目清单与计价表

表 7-34

工程名称：某小区入口广场　　　　第　页　共　页

序号	项目编码	项目名称	项目特征描述	计量单位	工程量	金额/元		
						综合单价	合价	其中 暂估价
1	050201001001	园路	垫层厚度、宽度、材料种类：混凝土垫层宽2.5m，厚130mm 路面宽度、材料种类：水泥砖路面宽2.5m 混凝土强度等级、砂浆强度等级 C20 混凝土垫层，M5 混合砂浆结合层	m²	154	90.86	13992.92	
本页小计							13992.92	
合计							13992.92	

综合单价分析表

表 7-35

工程名称：某小区入口广场　　　　第　页　共　页

序号	050201001001	项目名称	园路	计算单位	m²	工程量	154

清单综合单价组成明细										
定额编号	定额名称	定额单位	数量	单价/元			合价/元			
				人工费	材料费	机械费	人工费	材料费	机械费	管理费和利润
1-20	人工回填土，夯填	m³	46.20	6.18	—	0.74	285.52	—	34.19	134.28
2-5	垫层素混凝土	m³	20.02	38.13	126.48	11.56	763.36	2532.13	231.43	1481.31
2-11	水泥方格砖路面	m²	154	3.35	35.59	0.07	515.90	5480.86	10.78	2523.17
人工单价		合计					1564.78	8012.99	276.40	4138.76
25 元/工日		未计价材料费/元					5491.20			
清单项目综合单价/元							90.86			

材料费明细	主要材料名称、规格、型号	单位	数量	单价/元	合价/元	暂估单价/元	暂估合价/元
	水泥方格砖（50mm×250mm×250mm）	块	2496	2.20	5491.20	2.22	5541.12
	其他材料费			—	—	—	—
	材料费小计			—	5491.20	—	5541.12

附录A 工程量清单计价常用表格格式

招标工程量清单封面

________________工程 **招标工程量清单** 招标人：________________ （单位盖章） 造价咨询人：________________ （单位盖章） 年　　月　　日

封-1

招标控制价封面

________________工程 **招标控制价** 招标人：________________ （单位盖章） 造价咨询人：________________ （单位盖章） 年　　月　　日

封-2

投标总价封面

______________________工程

投标总价

投标人：______________________

（单位盖章）

年　　月　　日

封-3

竣工结算书封面

______________________工程

竣工结算书

发包人：______________________

（单位盖章）

承包人：______________________

（单位盖章）

造价咨询人：______________________

（单位盖章）

年　　月　　日

封-4

工程造价鉴定意见书封面

________________工程

编号：×××[2×××]××号

工程造价鉴定意见书

造价咨询人：________________

（单位盖章）

年　　月　　日

封-5

招标工程量清单扉页

________________工程

招标工程量清单

招标人：________________

（单位盖章）

造价咨询人：________________

（单位资质专用章）

法定代表人

或其授权人：________________

（签字或盖章）

法定代表人

或其授权人：________________

（签字或盖章）

编制人：________________

（造价人员签字盖专用章）

复核人：________________

（造价工程师签字盖专用章）

编制时间：　　年　　月　　日

复核时间：　　年　　月　　日

扉-1

招标控制价扉页

______________________________工程

招标控制价

招标控制价(小写)：____

(大写)：____

招标人：____________________ (单位盖章)

造价咨询人：____________________ (单位资质专用章)

法定代表人
或其授权人：____________________ (签字或盖章)

法定代表人
或其授权人：____________________ (签字或盖章)

编制人：____________________ (造价人员签字盖专用章)

复核人：____________________ (造价工程师签字盖专用章)

编制时间：　　年　　月　　日

复核时间：　　年　　月　　日

扉-2

投标总价扉页

投标总价

投标人：______________________________

工程名称：______________________________

投标总价（小写）：______________________________

（大写）：______________________________

投标人：______________________________

（单位盖章）

法定代表人
或其授权人：______________________________

（签字或盖章）

编制人：______________________________

（造价人员签字盖专用章）

时 间： 年 月 日

扉-3

竣工结算总价扉页

______________________工程

竣工结算总价

签约合同价(小写):______________(大写):____________________

竣工结算价(小写):______________(大写):____________________

发包人:__________ (单位盖章)

承包人:__________ (单位盖章)

造价咨询人:__________ (单位资质专用章)

法定代表人或其授权人:__________ (签字或盖章)

法定代表人或其授权人:__________ (签字或盖章)

法定代表人或其授权人:__________ (签字或盖章)

编制人:______________ (造价人员签字盖专用章)

核对人:______________ (造价工程师签字盖专用章)

编制时间: 年 月 日

核对时间: 年 月 日

扉-4

工程造价鉴定意见书扉页

______________________工程

工程造价鉴定意见书

鉴定结论：

造价咨询人：______________________________

（盖单位章及资质专用章）

法定代表人：______________________________

（签字或盖章）

造价工程师：______________________________

（签字盖专用章）

年　　月　　日

扉-5

总说明

工程名称：　　　　　　　　　　　　　　　　　　第　页　共　页

表-01

建设项目招标控制价/投标报价汇总表

工程名称：　　　　　　　　　　　　　　　　　　　　　　　第　页共　页

序号	单项工程名称	金额(元)	其中:(元)		
			暂估价	安全文明施工费	规费
合计					

注：本表适用于建设项目招标控制价或投标报价的汇总。

表-02

单项工程招标控制价/投标报价汇总表

工程名称：　　　　　　　　　　　　　　　　　　　　　　　第　页共　页

序号	单位工程名称	金额(元)	其中:(元)		
			暂估价	安全文明施工费	规费
合计					

注：本表适用于单项工程招标控制价或投标报价的汇总。暂估价包括分部分项工程中的暂估价和专业工程暂估价。

表-03

单位工程招标控制价/投标报价汇总表

工程名称：　　　　　　　　标段：　　　　　　　　　　　第　页共　页

序号	汇总内容	金额(元)	其中:暂估价(元)
1	分部分项工程		
1.1			
1.2			
1.3			
1.4			
1.5			
2	措施项目		—
2.1	其中:安全文明施工费		—
3	其他项目		—
3.1	其中:暂列金额		—

续表

序号	汇总内容	金额(元)	其中:暂估价(元)
3.2	其中:专业工程暂估价		—
3.3	其中:计日工		—
3.4	其中:总承包服务费		—
4	规费		—
5	税金		—
招标控制价合计=1+2+3+4+5			

注：本表适用于单位工程招标控制价或投标报价的汇总，如无单位工程划分，单项工程也使用本表汇总。

表-04

建设项目竣工结算汇总表

工程名称：　　　　　　　　　　　　第　页共　页

序号	单项工程名称	金额(元)	其中:(元)	
			安全文明施工费	规费
合计				

表-05

单项工程竣工结算汇总表

工程名称：　　　　　　　　　　　　第　页共　页

序号	单项工程名称	金额(元)	其中:(元)	
			安全文明施工费	规费
合计				

表-06

单位工程竣工结算汇总表

工程名称：　　　　　标段：　　　　　第　页共　页

序号	汇总内容	金额(元)
1	分部分项工程	
1.1		
1.2		
1.3		

续表

序号	汇总内容	金额(元)
1.4		
1.5		
2	措施项目	
2.1	其中:安全文明施工费	
3	其他项目	
3.1	其中:专业工程结算价	
3.2	其中:计日工	
3.3	其中:总承包服务费	
3.4	其中:索赔与同场签证	
4	规费	
5	税金	
招标控制价合计=1+2+3+4+5		

注：如无单位工程划分，单项工程也使用本表汇总。

表-07

分部分项工程和单价措施项目清单与计价表

工程名称： 标段： 第 页共 页

序号	项目编码	项目名称	项目特征描述	计量单位	工程量	金额(元)		
						综合单价	合价	其中 暂估价
本页小计								
合计								

注：为计取规费等的使用，可在表中增设其中：“定额人工费”。

表-08

综合单价分析表

工程名称：　　　　　　　　　　　　标段：　　　　　　　　　　　　第　页共　页

<table>
<tr><td>项目编码</td><td colspan="3"></td><td>项目名称</td><td colspan="2"></td><td>计量单位</td><td></td><td colspan="2">工程量</td><td></td></tr>
<tr><td colspan="12">清单综合单价组成明细</td></tr>
<tr><td rowspan="2">定额编号</td><td rowspan="2">定额项目名称</td><td rowspan="2">定额单位</td><td rowspan="2">数量</td><td colspan="4">单价</td><td colspan="4">合价</td></tr>
<tr><td>人工费</td><td>材料费</td><td>机械费</td><td>管理费和利润</td><td>人工费</td><td>材料费</td><td>机械费</td><td>管理费和利润</td></tr>
<tr><td></td><td></td><td></td><td></td><td></td><td></td><td></td><td></td><td></td><td></td><td></td><td></td></tr>
<tr><td></td><td></td><td></td><td></td><td></td><td></td><td></td><td></td><td></td><td></td><td></td><td></td></tr>
<tr><td></td><td></td><td></td><td></td><td></td><td></td><td></td><td></td><td></td><td></td><td></td><td></td></tr>
<tr><td colspan="2">人工单价</td><td colspan="6">小计</td><td></td><td></td><td></td><td></td></tr>
<tr><td colspan="2">元/工日</td><td colspan="6">未计价材料费</td><td colspan="4"></td></tr>
<tr><td colspan="8">清单项目综合单价</td><td colspan="4"></td></tr>
<tr><td rowspan="5">材料费明细</td><td colspan="3">主要材料
名称、规格、型号</td><td colspan="3">单位</td><td>数量</td><td>单价（元）</td><td>合价（元）</td><td>暂估单价（元）</td><td>暂估合价（元）</td></tr>
<tr><td colspan="3"></td><td colspan="3"></td><td></td><td></td><td></td><td></td><td></td></tr>
<tr><td colspan="3"></td><td colspan="3"></td><td></td><td></td><td></td><td></td><td></td></tr>
<tr><td colspan="7">其他材料费</td><td>—</td><td></td><td>—</td><td></td></tr>
<tr><td colspan="7">材料费小计</td><td>—</td><td></td><td>—</td><td></td></tr>
</table>

注：1. 如不使用省级或行业建设主管部门发布的计价依据，可不填定额编号、名称等。
2. 招标文件提供了暂估单价的材料，按暂估的单价填入表内“暂估单价”栏及“暂估合价”栏。

表-09

综合单价调整表

工程名称：　　　　　　　　　　　　标段：　　　　　　　　　　　　第　页共　页

<table>
<tr><td rowspan="3">序号</td><td rowspan="3">项目编码</td><td rowspan="3">项目名称</td><td colspan="5">已标价清单综合单价(元)</td><td colspan="5">调整后综合单价(元)</td></tr>
<tr><td rowspan="2">综合单价</td><td colspan="4">其中</td><td rowspan="2">综合单价</td><td colspan="4">其中</td></tr>
<tr><td>人工费</td><td>材料费</td><td>机械费</td><td>管理费和利润</td><td>人工费</td><td>材料费</td><td>机械费</td><td>管理费和利润</td></tr>
<tr><td></td><td></td><td></td><td></td><td></td><td></td><td></td><td></td><td></td><td></td><td></td><td></td><td></td></tr>
<tr><td></td><td></td><td></td><td></td><td></td><td></td><td></td><td></td><td></td><td></td><td></td><td></td><td></td></tr>
<tr><td></td><td></td><td></td><td></td><td></td><td></td><td></td><td></td><td></td><td></td><td></td><td></td><td></td></tr>
<tr><td colspan="6">造价工程师(签章)：　发包人代表(签章)：

日期：</td><td colspan="7">造价人员(签章)：　承包人代表(签章)：

日期：</td></tr>
</table>

注：综合单价调整应附调整依据。

表-10

总价措施项目清单与计价表

工程名称： 标段： 第 页共 页

序号	项目编码	项目名称	计算基础	费率(%)	金额(元)	调整费率(%)	调整后金额(元)	备注
		安全文明施工费						
		夜间施工增加费						
		二次搬运费						
		冬雨季施工增加费						
		已完工程及设备保护费						
合计								

编制人（造价人员）： 复核人（造价工程师）：

注：1.“计算基础”中安全文明施工费可为“定额基价”、“定额人工费”或“定额人工费+定额机械费”，其他项目可为“定额人工费”或“定额人工费+定额机械费”。

2. 按施工方案计算的措施费，若无“计算基础”和“费率”的数值，也可只填“金额”数值，但应在备注栏说明施工方案出处或计算方法。

表-11

其他项目清单与计价汇总表

工程名称： 标段： 第 页共 页

序号	项目名称	金额(元)	结算金额(元)	备注
1	暂列金额			明细详见表-12-1
2	暂估价			
2.1	材料(工程设备)暂估价/结算价			明细详见表-12-2
2.2	专业工程暂估价/结算价			明细详见表-12-3
3	计日工			明细详见表-12-4
4	总承包服务费			明细详见表-12-5
5	索赔与现场签证			明细详见表-12-6
合计				

注：材料（工程设备）暂估单价进入清单项目综合单价，此处不汇总。

表-12

暂列金额明细表

工程名称：　　　　　　　　　　　标段：　　　　　　　　　　　第　页共　页

序号	项目名称	计量单位	暂定金额(元)	备注
1				
2				
3				
4				
5				
6				
合计				

注：此表由招标人填写，如不能详列，也可只列暂定金额总额，投标人应将上述暂列金额计入投标总价中。

表-12-1

材料（工程设备）暂估单价及调整表

工程名称：　　　　　　　　　　　标段：　　　　　　　　　　　第　页共　页

序号	材料(工程设备)名称、规格、型号	计量单位	数量		暂估(元)		确认(元)		差额元±(元)		备注
			暂估	确认	单价	合价	单价	合价	单价	合价	
合计											

注：此表由招标人填写“暂估单价”，并在备注栏说明暂估价的材料、工程设备拟用在哪些清单项目上，投标人应将上述材料、工程设备暂估单价计入工程量清单综合单价报价中。

表-12-2

专业工程暂估价及结算价表

工程名称：　　　　　　　　　　　标段：　　　　　　　　　　　第　页共　页

序号	工程名称	工程内容	暂估金额(元)	结算金额(元)	差额±(元)	备注
合计						

注：此表“暂估金额”由招标人填写，投标人应将“暂估金额”计入投标总价中。结算时按合同约定结算金额填写。

表-12-3

计日工表

工程名称：　　　　　　　　标段：　　　　　　　　第　页共　页

编号	项目名称	单位	暂定数量	实际数量	综合单价（元）	合价（元）	
						暂定	实际
一	人工						
1							
2							
人工小计							
二	材料						
1							
2							
材料小计							
三	施工机械						
1							
2							
施工机械小计							
四、企业管理费和利润							
总计							

注：此表项目名称、暂定数量由招标人填写，编制招标控制价时，单价由招标人按有关计价规定确定；投标时，单价由投标人自主报价，按暂定数量计算合价计入投标总价中。结算时，按承包双方确认的实际数量计算合价。

表-12-4

总承包服务费计价表

工程名称：　　　　　　　　标段：　　　　　　　　第　页共　页

序号	项目名称	项目价值(元)	服务内容	计算基础	费率(%)	金额(元)
1	发包人发包专业工程					
2	发包人提供材料					
	合计	—	—		—	

注：此表项目名称、服务内容由招标人填写，编制招标控制价时，费率及金额由招标人按有关计价规定确定；投标时，费率及金额由投标人自主报价，计入投标总价。

表-12-5

索赔与现场签证计价汇总表

工程名称：　　　　　　　　　　　　标段：　　　　　　　　　　　　第　页共　页

序号	签证及索赔项目名称	计量单位	数量	单价(元)	合价(元)	索赔及签证依据
—	本页小计	—	—	—		—
—	合计	—	—	—		—

注：签证及索赔依据是指经双方认可的签证单和索赔依据的编号。

表-12-6

费用索赔申请（核准）表

工程名称：　　　　　　　　　　　　标段：　　　　　　　　　　　　编号：

致：________________________________（发包人全称）

根据施工合同条款第____________条的约定，由于____________原因，我方要求索赔金额（大写）__________（小写__________），请予核准。

附：1. 费用索赔的详细理由和依据：

2. 索赔金额的计算：

3. 证明材料：

承包人(章)

造价人员____________　　承包人代表____________　　日　期____________

复核意见：

根据施工合同条款第________条的约定，你方提出的费用索赔申请经复核：

□不同意此项索赔，具体意见见附件。

□同意此项索赔，索赔金额的计算，由造价工程师复核。

监理工程师__________

日　　期__________

复核意见：

根据施工合同条款第__________条的约定，你方提出的费用索赔申请经复核，索赔金额为（大写）__________（小写__________）。

造价工程师__________

日　　期__________

审核意见：

□不同意此项索赔。

□同意此项索赔，与本期进度款同期支付。

发包人(章)

发包人代表__________

日　　期__________

注：1. 在选择栏中的“□”内做标识“√”。

2. 本表一式四份，由承包人填报，发包人、监理人、造价咨询人、承包人各存一份。

表-12-7

现场签证表

工程名称：　　　　　　　　　　　　标段：　　　　　　　　　　　　编号：

<table>
<tr><td>施工单位</td><td></td><td>日期</td><td></td></tr>
<tr><td colspan="4">致：________________（发包人全称）
根据________（指令人姓名）　年　月　日的口头指令或你方________（或监理人）　年　月　日的书面通知，我方要求完成此项工作应支付价款金额为（大写）________（小写________），请予核准。
附：1. 签证事由及原因：
2. 附图及计算式：
承包人（章）
造价人员________　承包人代表________　日　期________</td></tr>
<tr><td colspan="2">复核意见：
你方提出的此项签证申请经复核：
□不同意此项签证，具体意见见附件。
□同意此项签证，签证金额的计算，由造价工程师复核。
监理工程师________
日　　期________</td><td colspan="2">复核意见：
□此项签证按承包人中标的计日工单价计算，金额为（大写）________元，（小写________元）。
□此项签证因无计日工单价，金额为（大写）________元，（小写________元）。
造价工程师________
日　　期________</td></tr>
<tr><td colspan="4">审核意见：
□不同意此项索赔。
□同意此项索赔，与本期进度款同期支付。
发包人（章）
发包人代表________
日　　期________</td></tr>
</table>

注：1. 在选择栏中的“□”内做标识“√”。
2. 本表一式四份，由承包人在收到发包人（监理人）的口头或书面通知后填写，发包人、监理人、造价咨询人、承包人各存一份。

表-12-8

规费、税金项目计价表

工程名称：　　　　　　　　　　　　标段：　　　　　　　　　　　　第　页共　页

序号	项目名称	计算基础	计算基数	计算费率(%)	金额(元)
1	规费	定额人工费			
1.1	社会保险费	定额人工费			
(1)	养老保险费	定额人工费			
(2)	失业保险费	定额人工费			
(3)	医疗保险费	定额人工费			
(4)	工伤保险费	定额人工费			
(5)	生育保险费	定额人工费			
1.2	住房公积金	定额人工费			
1.3	工程排污费	按工程所在地环境保护部门收取标准，按实计入			

续表

序号	项目名称	计算基础	计算基数	计算费率(%)	金额(元)
2	税金	分部分项工程费＋措施项目费＋其他项目费＋规费－按规定不计税的工程设备金额			
合计					

编制人（造价人员）： 复核人（造价工程师）：

表-13

工程计量申请（核准）表

工程名称： 标段： 第 页共 页

序号	项目编码	项目名称	计量单位	承包人申报数量	发包人核实数量	发承包人确认数量	备注

承包人代表： 日期：	监理工程师： 日期：	造价工程师： 日期：	发包代表人： 日期：

表-14

预付款支付申请（核准）表

工程名称：　　　　　　　　　　　　标段：　　　　　　　　　　　　编号：

致：________________________（发包人全称）

我方根据施工合同的约定，现申请支付工程预付款额为（大写）________________（小写________________），请予核准。

序号	名称	申请金额(元)	复核金额(元)	备注
1	已签约合同价款金额			
2	其中：安全文明施工费			
3	应支付的预付款			
4	应支付的安全文明施工费			
5	合计应支付的预付款			

承包人（章）

造价人员__________　　承包人代表__________　　日　期__________

复核意见：

□与合同约定不相符，修改意见见附件。

□与合同约定相符，具体金额由造价工程师复核。

监理工程师__________

日　　期__________

复核意见：

你方提出的支付申请经复核，应支付预付款金额为（大写）__________（小写__________）。

造价工程师__________

日　　期__________

审核意见：

□不同意。

□同意，支付时间为本表签发后的15天内。

发包人（章）

发包人代表__________

日　　期__________

注：1. 在选择栏中的“□”内做标识“√”。

2. 本表一式四份，由承包人填报，发包人、监理人、造价咨询人、承包人各存一份。

表-15

总价项目进度款支付分解表

工程名称：　　　　　　　　　　　　标段：　　　　　　　　　　　　单位：元

序号	项目名称	总价金额	首次支付	二次支付	三次支付	四次支付	五次支付	
	安全文明施工费							
	夜间施工增加费							
	二次搬运费							
	社会保险费							
	住房公积金							
合计								

编制人（造价人员）：　　　　　　　　　　　　复核人（造价工程师）：

注：1. 本表应由承包人在投标报价时根据发包人在招标文件明确的进度款支付周期与报价填写，签订合同时，发承包双方可就支付分解协商调整后作为合同附件。

2. 单价合同使用本表，“支付”栏时间应与单价项目进度款支付周期相同。

3. 总价合同使用本表，“支付”栏时间应与约定的工程计量周期相同。

表-16

进度款支付申请（核准）表

工程名称： 标段： 编号：

致：________________________________（发包人全称）

我方于______至______期间已完成了________工作，根据施工合同的约定，现申请支付本周期的合同价款为（大写）____________（小写______），请予核准。

序号	名称	实际金额(元)	申请金额(元)	复核金额(元)	备注
1	累计已完成的合同价款		—		
2	累计已实际支付的合同价款		—		
3	本周期合计完成的合同价款				
3.1	本周期已完成单价项目的金额				
3.2	本周期应支付的总价项目的金额				
3.3	本周期已完成的计日工价款				
3.4	本周期应支付的安全文明施工费				
3.5	本周期应增加的合同价款				
4	本周期合计应扣减的金额				
4.1	本周期应抵扣的预付款				
4.2	本周期应扣减的金额				
5	本周期应支付的合同价款				

附：上述3、4详见附件清单。

承包人（章）

造价人____________ 承包人代表____________ 日期____________

复核意见：

□与实际施工情况不相符，修改意见见附件。

□与实际施工情况相符，具体金额由造价工程师复核。

监理工程师____________

日　　期____________

复核意见：

你方提出的支付申请经复核，本周期已完成合同款额为（大写）________（小写__________），本周期应支付金额为（大写）________（小写________）。

造价工程师____________

日　　期____________

审核意见：

□不同意。

□同意，支付时间为本表签发后的15天内。

发包人（章）

发包人代表____________

日　　期____________

注：1. 在选择栏中的“□”内做标识“√”。

2. 本表一式四份，由承包人填报，发包人、监理人、造价咨询人、承包人各存一份。

表-17

竣工结算款支付申请（核准）表

工程名称： 标段： 编号：

致：________________________________（发包人全称）

我方于______至______期间已完成合同约定的工作，工程已经完工，根据施工合同的约定，现申请支付竣工结算合同款额为(大写)________________(小写______)，请予核准。

序号	名称	申请金额(元)	复核金额(元)	备注
1	竣工结算合同价款总额			
2	累计已实际支付的合同价款			
3	应预留的质量保证金			
4	应支付的竣工结算款金额			

承包人(章)

造价人员____________ 承包人代表____________ 日期____________

复核意见：

□与实际施工情况不相符，修改意见见附件。

□与实际施工情况相符，具体金额由造价工程师复核。

监理工程师____________

日　　期____________

复核意见：

你方提出的竣工结算款支付申请经复核，竣工结算款总额为(大写)____________(小写____________)，扣除前期支付以及质量保证金后应支付金额为(大写)____________(小写____________)。

造价工程师____________

日　　期____________

审核意见：

□不同意。

□同意，支付时间为本表签发后的15天内。

发包人(章)

发包人代表____________

日　　期____________

注：1. 在选择栏中的“□”内做标识“√”。

2. 本表一式四份，由承包人填报，发包人、监理人、造价咨询人、承包人各存一份。

表-18

最终结清支付申请（核准）表

工程名称： 标段： 编号：

致：______________________________（发包人全称）

我方于______至______期间已完成了缺陷修复工作，根据施工合同的约定，现申请支付最终结清合同款额为（大写）______________（小写______），请予核准。

序号	名称	申请金额（元）	复核金额（元）	备注
1	已预留的质量保证金			
2	应增加因发包人原因造成缺陷的修复金额			
3	应扣减承包人不修复缺陷、发包人组织修复的金额			
4	最终应支付的合同价款			

上述3、4详见附件清单。

承包人（章）

造价人员______________承包人代表______________日期______________

复核意见：

□与实际施工情况不相符，修改意见见附件。

□与实际施工情况相符，具体金额由造价工程师复核。

监理工程师__________

日　　期__________

复核意见：

你方提出的支付申请经复核，最终应支付金额为（大写）__________（小写__________）。

造价工程师__________

日　　期__________

审核意见：

□不同意。

□同意，支付时间为本表签发后的15天内。

发包人（章）

发包人代表__________

日　　期__________

注：1. 在选择栏中的"口"内做标识"√"。如监理人已退场，监理工程师栏可空缺。

2. 本表一式四份，由承包人填报，发包人、监理人、造价咨询人、承包人各存一份。

表-19

发包人提供材料和工程设备一览表

工程名称： 标段： 第　页共　页

序号	材料（工程设备）名称、规格、型号	单位	数量	单价（元）	交货方式	送达地点	备注

注：此表由招标人填写，供投标人在投标报价、确定总承包服务费时参考。

表-20

承包人提供主要材料和工程设备一览表
（适用于造价信息差额调整法）

工程名称： 标段： 第 页共 页

序号	名称、规格、型号	单位	数量	风险系数（%）	基准单价（元）	投标单价（元）	发承包人确认单价（元）	备注

注：1. 此表由招标人填写除"投标单价"栏的内容，投标人在投标时自主确定投标单价。
2. 招标人应优先采用工程造价管理机构发布的单价作为基准单价。未发布的，通过市场调查确定其基准单价。

表-21

承包人提供主要材料和工程设备一览表
（适用于价格指数差额调整法）

工程名称： 标段： 第 页共 页

序号	名称、规格、型号	变值权重 B	基本价格指数 F_0	现行价格指数 F_t	备注
	定值权重 A		—	—	
合计		1	—	—	

注：1."名称、规格、型号"、"基本价格指数"栏由招标人填写，基本价格指数应首先采用工程造价管理机构发布的价格指数，没有时，可采用发布的价格代替。如人工、机械费也采用本法调整，由招标人在"名称"栏填写。
2."变值权重"栏由投标人根据该项人工、机械费和材料、工程设备价值在投标总报价中所占的比例填写，1减去其比例为定值权重。
3."现行价格指数"按约定的付款证书相关周期最后一天的前42天的各项价格指数填写，该指数应首先采用工程造价管理机构发布的价格指数。没有时，可采用发布的价格代替。

表-22

附录B　工程量清单投标报价编制实例

现以某公园园林景观工程为例介绍投标报价编制（由委托工程造价咨询人编制）。

投标总价封面

某公园园林景观 工程

投标总价

招标人：×××

（单位盖章）

××××年××月××日

投标总价扉页

投标总价

招 标 人：×××

工程名称：某公园园林景观工程

投标总价（小写）：1547109.73

（大写）：壹佰伍拾肆万柒仟壹佰零玖元柒角叁分

招 标 人：×××

（单位盖章）

法定代表人

或其授权人：×××

（签字或盖章）

编 制 人：×××

（造价人员签字盖专用章）

时 间：××××年××月××日

总说明

工程名称：某公园园林景观工程　　标段：　　第×页　共×页

1. 编制依据

1.1 建设方提供的工程施工图、《某公园园林景观工程投标邀请书》、《投标须知》、《某公园园林景观工程招标答疑》等一系列招标文件。

1.2 ××市建设工程造价管理站20××年第××期发布的材料价格，并参照市场价格。

2. 报价需要说明的问题

2.1 该工程因无特殊要求，故采用一般施工方法。

2.2 因考虑到市场材料价格近期波动不大，故主要材料价格在××市建设工程造价管理站20××年第××期发布的材料价格基础上下浮3%。

3. 综合公司经济现状及竞争力，公司所报费率如下：(略)

4. 税金按3.413%计取。

建设项目投标报价汇总表

工程名称：某公园园林景观工程　　第×页　共×页

序号	单项工程名称	金额(元)	其中：(元)		
			暂估价	安全文明施工费	规费
1	某公园园林景观工程	1547109.73		26649.00	69287.40
合计		1547109.73		26649.00	69287.40

单项工程投标报价汇总表

工程名称：某公园园林景观工程　　第×页　共×页

序号	单项工程名称	金额(元)	其中：(元)		
			暂估价	安全文明施工费	规费
1	某公园园林景观工程	1547109.73		26649.00	69287.40
合计		1547109.73		26649.00	69287.40

单位工程投标报价汇总表

工程名称：某公园园林景观工程　　标段：　　第×页　共×页

序号	汇总内容	金额(元)	其中：暂估价(元)
1	分部分项工程	1323735.86	
1.1	土(石)方工程	7762.02	
1.2	砌筑工程	15554.29	
1.3	混凝土及钢筋混凝土工程	283474.20	

续表

序号	汇总内容	金额(元)	其中:暂估价(元)
1.4	屋面及防水工程	43703.96	
1.5	楼地面工程	325144.10	
1.6	墙、柱面工程	100026.60	
1.7	天棚工程	5900.95	
1.8	门窗工程	30202.99	
1.9	其他装饰工程	2999.00	
1.10	给水排水工程	557.95	
1.11	道路工程	893.65	
1.12	园路、园桥工程	396387.90	
1.13	石作工程	46729.10	
1.14	木作工程	17180.63	
1.15	园林景观工程	47218.52	
2	措施项目	36587.85	
2.1	其中:安全文明施工费	26649.00	
3	其他项目	66481.85	
3.1	其中:暂列金额	50000.00	
3.2	其中:计日工	16481.85	
3.3	其中:总承包服务费	—	
4	规费	69287.40	
5	税金	51016.77	
投标报价合计=1+2+3+4+5		1547109.73	

分部分项工程和单价措施项目清单与计价表

工程名称：某公园园林景观工程　　　　标段：　　　　第×页　共×页

序号	项目编码	项目名称	项目特征描述	计量单位	工程量	金额(元)		
						综合单价	合价	其中 暂估价
		土石方工程						
1	010101001001	平整场地	遮雨廊平整场地	m^2	140.00	2.25	315.00	
2	010101001002	平整场地	架空平台平整场地	m^2	575.00	4.35	2501.25	
3	010101001003	平整场地	小卖部、休息平廊平整场地	m^2	365.50	2.32	847.96	
4	010101001004	平整场地	景观廊平整场地	m^2	48.00	2.21	106.08	
5	010101001005	平整场地	公园后门平整场地	m^2	198.40	2.21	438.46	
6	010101001006	平整场地	眺望台平整场地	m^2	94.85	5.35	507.45	
7	010101002001	挖一般土方	遮雨廊人工挖基础土方	m^3	28.50	6.31	179.84	

续表

序号	项目编码	项目名称	项目特征描述	计量单位	工程量	金额(元)		
						综合单价	合价	其中
								暂估价
		土石方工程						
8	010101002002	挖一般土方	基础挖土方	m^3	242.00	11.67	2824.14	
9	010101002003	挖一般土方	出入口招牌挖基础土方	m^3	6.62	6.32	41.84	
		分部小计					7762.02	
	砌筑工程							
10	010401003001	实心砖墙	3/4 砖实心砖外墙	m^3	52.00	184.25	9581.00	
11	010401003002	实心砖墙	1/2 砖实心砖外墙	m^3	3.46	189.12	654.36	
12	010401003003	实心砖墙	1/2 砖实心砖内墙	m^3	1.94	190.55	369.67	
13	010401003004	实心砖墙	一砖墙	m^3	6.64	337.67	2242.13	
14	040504008001	整体化粪池	—	座	1.00	2674.59	2674.59	
15	010404012001	零星砌砖	—	m^3	2.25	14.46	32.54	
		分部小计					15554.29	
	混凝土及钢筋混凝土工程							
16	010501003001	独立基础	C20 现场搅拌	m^3	50.25	348.35	17504.59	
17	010501003002	独立基础	架空平台独立基础	m^3	89.15	387.84	34575.94	
18	010501002001	带形基础	C20 砾 40,C10 混凝土垫层	m^3	1.80	361.47	650.65	
19	010502001001	矩形柱	200mm×200mm 矩形柱	m^3	24.32	213.81	5199.86	
20	010502002002	构造柱	30m×0.30m,H=11.03~13.31m,C25 砾 40	m^3	0.55	245.85	135.22	
21	010503002001	矩形梁	100mm×100mm 矩形梁	m^3	68.25	204.27	13941.43	
22	010503001001	基础梁	截面尺寸:0.24m×0.24m	m^3	17.69	205.59	3636.89	
23	010503003001	异形梁	C25 砾 30	m^3	2.36	213.81	504.59	
24	010503006001	弧形、拱形梁	截面尺寸:0.30m×0.30m	m^3	8.15	238.22	1941.49	
25	010503006002	弧形、拱形梁	C20 砾 40	m^3	20.35	221.89	4515.46	
26	010505004001	拱板	C25 砾 20	m^3	44.25	207.35	9175.24	
27	010506002001	弧形楼梯	C20 砾 40	m^3	5.40	247.24	1335.10	
28	010515001001	现浇构件钢筋	ϕ10 以内	t	32.50	5857.16	190357.70	
		分部小计					283474.20	
		屋面及防水工程						
29	010901001001	瓦屋面	青石板文化石片屋面	m^2	114.78	109.14	12527.09	

续表

序号	项目编码	项目名称	项目特征描述	计量单位	工程量	金额(元)		
						综合单价	合价	其中
								暂估价
	屋面及防水工程							
30	010901001002	瓦屋面	六角亭琉璃瓦屋面	m²	55.25	118.85	6566.46	
31	010901001003	瓦屋面	青石瓦屋面	m²	55.45	108.83	6017.99	
32	010901001004	瓦屋面	青石片屋面	m²	162.28	114.57	18592.42	
		分部小计					43703.96	
	楼地面工程							
33	011102001001	石材楼地面	300mm×300mm 绣板文化石地面	m²	180.25	88.85	16015.21	
34	011102001002	石材楼地面	平台灰色花岗石	m²	175.42	181.15	31777.33	
35	011102001003	石材楼地面	凹缝密拼 100mm×115 mm×40mm 光面连州青花岗岩石板	m²	97.95	202.42	19827.04	
36	011101001001	水泥砂浆楼地面	平台碎石地面，美国南方松圆木分割	m²	388.52	529.55	205740.77	
37	011102001004	石材楼地面	50mm 厚粗面花岗石冰裂文化石嵌草缝	m²	89.24	183.36	16363.05	
38	011102001005	石材楼地面	休息平台黄石纹石材地面	m²	70.40	57.95	4079.68	
39	011102003001	块料楼地面	300mm×300mm 仿石砖	m²	22.12	99.94	2210.67	
40	011102001006	石材楼地面	—	m²	17.15	111.48	1911.88	
41	011102003002	块料楼地面	生态平台地面铺绣石文化石冰裂纹夹草缝	m²	94.20	100.55	9471.81	
42	011102003003	块料楼地面	地面 600mm×600mm 抛光耐磨砖	m²	116.95	55.25	6461.49	
43	011102003004	块料楼地面	300mm×300mm 防滑砖	m²	10.25	58.38	598.40	
44	011102003005	块料楼地面	阳台楼梯 400mm×400mm 仿古砖	m²	50.28	92.51	4679.16	
45	011102003006	块料楼地面	300mm×300mm 仿石砖	m²	38.47	64.25	2471.70	
46	011102003007	块料楼地面	600mm×300mm 粗面白麻石	m²	43.75	80.82	3535.88	
		分部小计					325144.10	
	墙、柱面工程							
47	011202001001	柱、梁面一般抹灰	—	m²	835.55	9.15	7645.28	

续表

序号	项目编码	项目名称	项目特征描述	计量单位	工程量	金额(元)		
						综合单价	合价	其中 暂估价
	墙、柱面工程							
48	011201001001	墙面一般抹灰	—	m²	271.30	8.65	2346.75	
49	011201001002	墙面一般抹灰	墙面煽灰油乳胶漆	m²	162.45	15.62	2537.47	
50	011201001003	墙面一般抹灰	墙面抹灰、煽灰、乳胶漆	m²	70.50	8.66	610.53	
51	011205002001	块料柱面	45mm×195mm 米黄色仿石砖块料柱面	m²	50.55	73.98	3739.69	
52	011204003001	块料墙面	米黄色仿石砖墙面	m²	35.00	67.30	2355.50	
53	011204003002	块料墙面	块料墙面，仿青砖	m²	135.65	84.88	11513.97	
54	011204003003	块料墙面	200mm×300mm 瓷片	m²	65.24	57.63	3759.78	
55	011204003004	块料墙面	厨房 200mm×300mm 瓷片	m²	38.05	44.82	1705.40	
56	011204003005	块料墙面	墙面浅绿色文化石	m²	42.55	104.44	4443.92	
57	011204003006	块料墙面	青石板	m²	145.25	103.63	15052.26	
58	011204003007	块料墙面	木纹文化石	m²	15.07	95.41	1437.83	
59	011204003008	块料墙面	仿青砖	m²	135.65	74.78	10143.91	
60	011206002001	块料零星项目	墙裙青石板蘑菇形文化砖	m²	13.34	100.65	1342.67	
61	011207001001	墙面装饰板	木方板墙面饰面，美国南方松	m²	76.42	303.11	23163.67	
62	011205002002	块料柱面	100mm×300mm 木纹文化砖	m²	80.00	102.85	8228.00	
		分部小计					100026.60	
	天棚工程							
63	011301001001	天棚抹灰	—	m²	235.45	16.35	3849.61	
64	011302004001	藤条造型悬挂吊顶	现浇混凝土斜屋面板	m³	5.84	207.35	1210.92	
65	011301001002	天棚抹灰	乳胶漆	m²	57.84	14.53	840.42	
		分部小计					5900.95	
	门窗工程							
66	010803001001	金属卷帘(闸)门	—	樘	2	1296.50	2593.00	

续表

序号	项目编码	项目名称	项目特征描述	计量单位	工程量	金额(元)		
						综合单价	合价	其中
								暂估价
	门窗工程							
67	010801001001	木质门	仓库实木装饰门	樘	1	935.55	935.55	
68	010801001002	木质门	实木装饰门	樘	3	746.21	2238.63	
69	010801001003	木质门	工具房胶合板门	樘	3	243.37	730.11	
70	010805004001	电动伸缩门	—	樘	1	1725.46	1725.46	
71	010807001001	金属(塑钢、断桥)窗	—	樘	6	207.39	1244.34	
72	010802001001	金属(塑钢)门	不锈钢金属平开门	樘	4	2205.55	8822.20	
73	010802004001	防盗门	—	樘	2	2291.92	4583.84	
74	010801001003	木质门	胶合板门	樘	1	294.60	294.60	
75	010802001001	金属(塑钢)门	塑钢门	樘	2	128.74	257.48	
76	010802001002	金属(塑钢)门	塑钢门	樘	2	1342.29	2684.58	
77	010807001002	金属(塑钢、断桥)窗	木纹推拉窗	樘	10	192.22	1922.20	
78	010808005001	石材门窗套	石材门饰面,花岗石饰线	樘	20	108.55	2171.00	
		分部小计					30202.99	
	其他装饰工程							
79	011505011001	镜箱	—	个	20	9.98	199.60	
80	011505005001	卫生间扶手	—	个	80	16.71	1336.80	
81	011505010001	镜面玻璃	—	m²	2	150.55	301.10	
82	011505001001	洗漱台	—	m²	2	580.75	1161.50	
		分部小计					2999.00	
	给水排水工程							
83	031004003001	洗脸盆	—	组	1	557.95	557.95	
		分部小计					557.95	
	道路工程							
84	040204004001	安砌侧(平、缘)石	池壁不等边粗麻石 100mm 厚	m²	6.84	130.65	889.32	
		分部小计					893.65	
	园路、园桥工程							
85	050201001001	园路	遮雨廊麻石路面,C15 豆石混凝土 12cm 厚	m²	78.24	141.65	11082.70	
86	050201014001	木制步桥	美国南方松木桥面板 ϕ12 膨胀螺栓固定	m²	831.60	463.33	385305.23	

续表

序号	项目编码	项目名称	项目特征描述	计量单位	工程量	金额(元)		
						综合单价	合价	其中
								暂估价
		分部小计					396387.90	
	石作工程							
87	0202020003001	栏杆	美国南方松栏杆	m^2	230.00	203.17	46729.10	
		分部小计					46729.10	
	木作工程							
88	020511001001	鹅颈靠背	鹅颈靠背(木质飞来椅)	m	16.50	1041.25	17180.63	
		分部小计					17180.63	
	园林景观工程							
89	050305001001	预制钢筋混凝土飞来椅	预制钢筋混凝土飞来椅	m	23.25	408.81	9504.83	
90	050305006001	石桌石凳	—	个	22	1656.39	36440.58	
91	050302001001	原木(带树皮)柱、梁、檩、椽	美国南方松木木柱	m	0.65	1122.58	729.68	
92	050302001002	原木(带树皮)柱、梁、檩、椽	美国南方松木梁,制作安装	m	0.96	566.07	543.43	
		分部小计					47218.52	
合计							1323735.86	

综合单价分析表

工程名称：某公园园林景观工程　　　　标段：　　　　第×页　共×页

项目编码	010515001001	项目名称	现浇构件钢筋	计量单位	t	工程量	32.50

综合单价组成明细

定额编号	定额名称	定额单位	数量	单价				合价			
				人工费	材料费	机械费	管理费和利润	人工费	材料费	机械费	管理费和利润
08-99	现浇螺纹钢筋制作安装	t	1.000	294.75	5397.70	62.42	102.29	294.75	5397.70	62.42	102.29
人工单价		小计						294.75	5397.70	62.42	102.29
25元/工日		未计价材料费									
清单项目综合单价								5857.16			

	主要材料名称、规格、型号	单位	数量	单价(元)	合价(元)	暂估单价(元)	暂估合价(元)
材料费明细	螺纹钢筋,HPB300,ϕ14	t	1.07			5000.00	5350.00
	焊条	kg	8.640	4.00	34.56		
	其他材料费			—	13.14	—	
	材料费小计			—	47.70	—	5350.00

总价措施项目清单与计价表

工程名称：某公园园林景观工程　　　　标段：　　　　第×页　共×页

序号	项目编码	项目名称	计算基础	费率(%)	金额(元)	调整费率(%)	调整后金额(元)	备注
1		安全文明施工费	人工费	30	26649.00			
2		夜间施工增加费	人工费	1.5	1332.45			
3		二次搬运费						
4		冬雨季施工增加费	人工费	8	7106.40			
5		已完工程及设备保护费			1500.00			
合计					36587.85			

编制人（造价人员）：×××　　　　复核人（造价工程师）：×××

其他项目清单与计价汇总表

工程名称：某公园园林景观工程　　　　标段：　　　　第×页　共×页

序号	项目名称	金额(元)	结算金额(元)	备注
1	暂列金额	50000.00		
2	暂估价			
2.1	材料(工程设备)暂估价/结算价			
2.2	专业工程暂估价/结算价	—		
3	计日工	16481.85		
4	总承包服务费			
合计		66481.85		

暂列金额明细表

工程名称：某公园园林景观工程　　　　标段：　　　　第×页　共×页

序号	项目名称	计算单位	暂列金额(元)	备注
1	政策性调整和材料价格风险	项	45000.00	
2	其他	项	5000.00	
合计			50000.00	—

材料（工程设备）暂估单价及调整表

工程名称：某公园园林景观工程　　标段：　　第×页　共×页

序号	材料(工程设备)名称、规格、型号	计量单位	数量		暂估(元)		确认(元)		差额元±(元)		备注
			暂估	确认	单价	合价	单价	合价	单价	合价	
1	碎石	m^3			58.13						20mm
2	美国南方松木板	m^3			5.05						
	其他:(略)										
	合计										

计日工表

工程名称：某公园园林景观工程　　标段：　　第×页　共×页

编号	项目名称	单位	暂定数量	综合单价(元)	合价(元)
一	人工				
1	技工	工日	20.00	30.00	600.00
人工小计					600.00
二	材料				
1	42.5级普通水泥	t	35.00	279.95	9798.25
材料小计					9798.25
三	机械				
1	汽车起重机20t	台班	10.00	608.36	6083.60
施工机械小计					6083.60
总　计					16481.85

规费、税金项目计价表

工程名称：某公园园林景观工程　　标段：　　第×页　共×页

序号	项目名称	计算基础	计算基数	计算费率(%)	金额(元)
1	规费				69287.40
1.1	社会保险费	定额人工费			63957.60
(1)	养老保险费	定额人工费		14	12436.20
(2)	失业保险费	定额人工费		2	1776.60
(3)	医疗保险费	定额人工费		6	5329.80
(4)	工伤保险费	定额人工费		0.25	22207.50
(5)	生育保险费	定额人工费		0.25	22207.50
1.2	住房公积金	定额人工费		6	5329.80
1.3	工程排污费	按工程所在地环境保护部门收取标准，按实计入			
2	税金	分部分项工程费＋措施项目费＋其他项目费＋规费－按规定不计税的工程设备金额		3.41	51016.77
合计					120304.17

编制人（造价人员）：×××　　复核人（造价工程师）：×××

参考文献

[1] 住房和城乡建筑部标准定额研究所，四川省建设工程造价管理总站. 建设工程工程量清单计价规范 GB 50500—2013 [S]. 北京：中国计划出版社，2013.

[2] 江苏省建设工程造价管理总站，住房和城乡建设部标准定额研究所. 园林绿化工程工程量计算规范 GB 50858—2013 [S]. 北京：中国计划出版社，2013.

[3] 薛孝东. 园林绿化工程造价员 [M]. 南京：江苏科学技术出版社，2013.

[4] 谷康，付喜娥. 园林制图与识图 [M]. 2 版. 南京：东南大学出版社，2010.

[5] 王晓畅，刘睿颖. 园林制图与识图 [M]. 北京：化学工业出版社，2009.

[6] 马永军. 看图学园林工程预算 [M]. 北京：中国电力出版社，2009.